영알못 엄마는 어떻게
영어고수가 되었을까

한 달 만에 누구나
영어가 쉬워지는 거꾸로 공부법

영어고수가 되었을까

신동규
김어진
지음

유노라이프
LIFE

저는 '슬기로운초등생활'이라는 유튜브 채널을 운영하면서 서른 권에 달하는 자녀 교육서와 초등 교재를 출간했습니다. 오랜 시간, 정말 다양한 상황의 학부모들과 소통하며 영어에 관한 엄마들의 현실적인 고민을 접했습니다. 유독 영어에 관한 엄마들의 고민과 아이들의 스트레스는 복잡하고 다양합니다. 만약 자녀의 영어 때문에 고민이라면 쉽게 영어를 배우고 싶은 의지를 불러일으키는 이 책이 해답이 될 거라 믿습니다.

'까꾸루 영작문'이라고 하는 공부법을 보면서 영어의 종착지, 최고 수준으로만 알았던 영작문부터 공부가 시작될 수도 있다고 새삼 느꼈습니다. 영어의 큰 기둥부터 세워 입시부터 회화까지 자신감 있게 공부하는 법을 알려 주는 이 방법을 진작 알았다면 좋았겠다는 아쉬움도 들었습니다.

이 책을 집필한 저자에게 진심으로 감사한 마음입니다. 말처럼 쉽게 되지 않는 영어, 영어에 자신 없는 엄마를 위한 노하우가 아낌없이 담겼으니 이제 하나씩 실천하기만 하면 되겠네요. 영어를 지금보다는 조금 더 잘하고 싶은 엄마인 저도 두 아이와 함께 시작해 보려 합니다.

- 자녀 교육 전문가, 《100일 완성 초등 영어 습관의 기적》 저자, 이은경

영어에 주눅 든 사람이 얼마나 많은지 모릅니다. 이 책은 경쾌한 스토리로 쉽게 읽히면서도 뜻밖의 진실을 담고 있습니다. 바로 영어를 공부하기에 앞서 자신감을 먼저 가지고, 완벽해야 한다는 강박으로 나를 나무라지 않아야 한다는 것입니다. 또한 영어 사용권자의 사고와 어순을 익히면서 자연스럽게 영어의 구조를 익힐 수 있는 친절한 책입니다.
학습 코치인 저자가 쓴 만큼 부드럽고 유쾌하게 마음을 열어 주는 영어 코칭 책으로써, 영어를 즐겁게 배우고자 하는 사람들에게 추천합니다.

-국민대 교수, 코칭경영원 대표 코치, 고현숙

우리나라 영어 학습자들의 맹점은 현실적인 목표와 가이드라인 없이 막연하게 원어민처럼 잘하고 싶다는 기대감만 있는 것입니다. 이 책에서 안내하는 한 달 만에 영어의 큰 그림을 이해하고 실전에서 영어를 사용해 보는 방법은 영어로 소통하는 소중한 기회를 경험하게 할 것이라고 확신합니다. 많은 분들이 이 책을 통하여 영어의 즐거움에 눈을 뜰 수 있으리라 기대하며 적극 추천합니다.

-비상식적 영어학원 원장, 김영익

입시를 경험하고 사회에 나와서까지 영어라는 거대한 벽을 넘지 못해 고생하는 이들을 너무도 많이 보았기에 이렇게 핵심을 콕 짚어 주는 영어 해결서를 더욱 기다려왔는지도 모릅니다.
영어가 두려움의 대상이 아니기를 바라는 학생, 아이의 영어 공부를 직접 봐주고 싶은 엄마, 영어가 생활 속에 스며들기를 원하는 '영알못'뿐만 아니라 영어 실력을 더 발전시키고 싶은 모든 이에게 추천합니다. 이 책으로 여러분의 영어 고민이 속 시원하게 해결되기를 바랍니다.

-투엠수학 학습코칭센터 원장, 정성희

저자의 말 1

영어는 거꾸로 돌아간다

대한민국의 거의 모든 가정에서 사교육비는 높은 비중을 차지합니다. 교육비의 비중이 커질수록 다른 부분의 소비는 줄어들 수밖에 없기에 삶의 질을 낮추는 항목이라 할 수 있습니다. 그렇다고 사교육을 시키지 않을 수 없고, 국가적으로도 우리나라가 선진국이 된 중요한 요인 중 하나가 치열한 교육열로 단련된 인적 자원이라고 생각합니다.

사교육은 언제나 논란의 대상이지만 중요한 교육임은 틀림없습니다. 사교육은 특히 초·중·고등학생이 대상일 때, 크게 영어와 수학 중심입니다. 영어는 물량의 투입이 성적과 비례할 가능성이 높은 과목이고, 수학은 물량의 투입이 성적에 비례할 가능성이 영어보다는 낮은 과목입니다. 영어가 수학보다 사교육에 투자한 비용에 따라 성적이 오를 가능성이 높다는 의미입니다.

아무래도 영어는 투자 비용에 성적이 비례할 가능성이 높다 보니 사교육비 지출이 높은 지역 아이들의 영어 성적과 실력이 높습니다. 영어 유치원부터 차곡차곡 교육을 받았던 강남 지역의 학생들이 높은 수능 영어 등급을 받거나, 유창하게 회화하는 모습을 어렵지 않게 볼 수 있습니다.

반면 서울과 수도권 이외의 지역에서는 영어를 포함한 교육 여건이 상대적으로 열악한 것이 현실입니다.

모든 아이들의 영어 잠재력을 키워줄 수 있도록

저는 광주광역시에서 살면서 학원장으로 일하고 있습니다. 광주도 큰 도시이지만 아무래도 교육 환경은 서울에 비하기는 어렵지요. 현장에 있다 보니 더욱 서울, 수도권 학교들과의 학습 환경의 격차가 피부로 느껴집니다.

물론 요즘은 지방의 학교들도 원어민 교사들이 수업을 진행하는 등 과거 세대에 비하여 영어 수업의 여건이 좋아지고 있습니다. 그러나 입시 경쟁은 전국으로 진행되기 때문에 환경적으로 면학 분위기나 교육 환경이 좋은 곳이 우세하겠지요.

교육 환경의 차이에 따른 영어 성적의 격차는 개인이 쉽게 넘을 수 없는 거대한 벽이라 생각합니다. 어느 곳에 있든 가능하면 많은 학생들이 학습에 대한 흥미와 동기 부여를 받을 수 있다면 얼마나 좋을까요?

그래서 저는 환경은 불리하더라도 잠재력은 무한한 학생들을 위해 쉽고 재미있는 공부법을 연구하기 시작했습니다. 그리고 마침내 영어의 기초 체력을 끌어올릴 수 있는 방법을 찾았습니다. 그것이 바로, '까꾸루 영작문'입니다.

까꾸루 영작문은 문법의 개념이라기보다 '영어의 구조와 원리'를 알려주는 노하우입니다. 무작정 암기하는 기존의 학습법이 아닌, 이해를 통해 영어에 대한 눈을 뜨게 해 줍니다. 이해가 되면 영어가 쉬워지고, 쉬워지면 재미가 붙을 수밖에 없습니다.

이 책에는 까꾸루 영작문을 다 담을 수 없어서 그중 일부만 재미있는 이야기 형식으로 풀어냈습니다. 각 잡고 영어 책으로 쓰기보다는 재미있게 풀었습니다. 그렇게 공부하면 당연하게 성취도도 높아질 테니까요.

거꾸로 생각하여 영어의 해답을 찾다

학생들을 위해 만든 영어 공부법이지만 성인들에게도 영어의 새로운 길을 열어 줄 수 있습니다. 초·중·고등학교부터 대학교까지 10년 넘게 영어 공부를 했는데도 막상 외국인과 대면하면 수월하게 대화를 이어 나갈 수 있는 사람은 생각보다 많지 않습니다.

수많은 사람들이 영어를 두려움의 대상으로 생각하고, 영어 앞에서는 자신감을 잃습니다. 이 난제를 까꾸루 영작문으로 해결할 수 있다고 생각합니다. 핵심은 '거꾸로' 영어를 생각하는 것입니다. 영어 공부의 마지막 관문으로 느껴지는 '작문'으로 영어를 우선 시작하는 것이지요. 그리고 모든 사고방식을 거꾸로 바꿔서 대입하기를 바랍니다.

이 신기하고 신박한 영어 노하우는 입소문을 타고 전국으로 퍼졌으며 이를 배우기 위해 서울이 아닌 지방으로 방문을 하는 기현상이 일어났습니다. 지금은 부모님들의 성원을 못 이겨 온라인으로도 수업과 세미나를 진행하고 있습니다.

영어를 쉽고 재미있게 가르치고자 하는 저의 비전은 이러합니다.

첫째, 대한민국의 모든 학생들이 부모의 경제력이나 주거 지역에 상관없이 단단한 영어의 기초 체력을 키울 수 있도록 도와주자.

둘째, 암기하는 영어 공부가 아닌 영어를 쉽게 이해하는 노하우를 알려 주어 영어를 두려움이 대상이 아닌 소통의 수단으로 편하게 받아들이도록 도와주자.

셋째, 성인과 학부모들이 늦게나마 영어의 핵심 개념과 영어의 구조와 원리를 이해하여 자녀에게 직접 영어를 지도할 수 있는 힘을 키워 주자.

각자 처한 교육 환경과 상관없이 한 명이라도 더 많은 전국의 학생들이 이 책을 읽고 영어에 대한 흥미와 동기 부여를 받았으면 좋겠습니다. 그리고 무엇보다 자녀들의 영어 학습 지도에 관심이 많은 어머니들께 도움이 되었으면 합니다.

그뿐만 아니라 영어를 배우고 싶은 남녀노소 많은 분들이 조금이라도 더 쉽고 재미있게 영어를 이해하기를 바랍니다. 영어를 어렵게만 생각했던 학생, 아이가 영어 앞에서 당당해지기를 바라는 부모님, 그리고 영어를 잘하고 싶은 모든 사람들이 이 책으로 막막하게 느껴졌던 영어 공부의 새로운 길을 찾을 수 있기를 바랍니다. 마지막으로 이 책을 읽는 독자들이 영어를 배우는 데 '할 수 있다는 자신감'을 얻고 즐거운 영어 생활하기를 힘껏 응원합니다.

공동 저자

신동규

목차

2장
영.잘.러의 영어는 거꾸로 흐른다

3장

서방예의지국 영어의 예의범절 자리 지키기

● 까꾸루쌤의 특급 비밀 ●

4장
영알못 엄마는 영어고수로 탈바꿈ing

● 까꾸루쌤의 특급 비밀 ●

● 이 책에 나오는 사람들

까꾸루쌤(원장)

지방 도시의 학원 원장. 영어의 구조와 원리를 익히는 '까꾸루 영작문'이라는 학습 노하우를 개발했다. 엉뚱한 성격과 남다른 교육철학을 가졌다. 독특한 성격으로 학생들과 학부모들에게 '까꾸루쌤'으로 불리며 학생들은 물론 영어 콤플렉스에 시달리는 성인들에게도 영어 자신감을 심어 주는 멘토.

원하나(엄마)

쾌활하고 아름다운 주부 9단. 완벽한 그녀의 유일한 단점이자 콤플렉스는 공부. 특히 영어는 영알못 수준으로 어려워 한다. 수많은 남자들의 청혼을 뿌리치고 평범하지만 공부만은 잘했던 남편과 결혼했더니, 요즘 남편이 공부 못하는 아들이 엄마 닮아 그렇다며 스트레스를 주는 중. 남편에게 반론도 못 하고 괜한 죄책감도 생겨서 이래저래 마음이 힘들다.

공부장(아빠)

개천에서 용 난 인물. 시골에서 서울대를 졸업한 공기업의 부장이다. 원하나의 미모에 반해 눈물겨운 애정 공세로 결혼에 성공했지만, 콩깍지가 벗겨지고 나니 아내의 지적 수준(?)을 들먹이며 무시하기가 일쑤다. 요즘 아내가 갑자기 영어 공부를 한다고 해서 바람을 피우는 것이 아닌지 의심하는 중.

공부광(아들)

원하나, 공부장의 하나뿐인 아들. 현재 초등학교 6학년이다. 공부를 잘하지도 못하고 흥미도 없지만 잘생겨서 학교에서 인기 스타다. 그런데 엄마가 갑자기 영어학원을 다니라고 하니, 갑갑해 미치겠다. 초등학교 영어 수업도 큰 흥미가 없는데 중학교 선행학습을 하라니! 게다가 엄마가 직접 영어를 가르쳐 준다니 무슨 일인지 모르겠다.

원공희(친척 언니)

원하나의 친척 언니. 사업 수완이 좋은 남편과 결혼해 큰 부자로 떵떵거리며 산다. 두 명의 아들은 중학교 1학년까지 공부를 못했으나 어떤 특별한 계기로 공부에 매진하여 서울대 의대를 간 '오병이어'급의 기적이 일어났다. 그녀와 아들들의 인생을 바꾼 비밀을 원하나에게 전수하는데….

영어의 '영'자도 모르는 사람

영알못 엄마의 진지한 고민

공부광 엄마~ 나 왔어.

원하나 아들. 영어학원 잘 갔다 왔어?

공부광 엄마, 나 영어학원 안 다니고 싶어.

원하나 왜 또 그래… 요즘은 좀 잠잠하다 싶더니.

공부광 선생님이 무슨 말 하는지 하나도 모르겠어. 외워야 할 것도 너무 많아.

원하나 아, 맞다. 오늘 학원에서 쪽지 시험 본다고 했지? 점수 봐봐.

공부광 여기 있어.

원하나 아이고, 40점이 뭐니? 우리 아들 좀 더 열심히 하면 안 될까? 내년에 중학교 가는데 어쩌려고 그래.

공부광 못하겠어. 학원 다녀봐야 소용도 없고 돈만 아깝잖아. 그냥 안 다니는 게 낫겠어.

보통 엄마의 평범한 소망

저는 초등학교 6학년 아들 하나를 키우고 있는 평범한 전업주부입니다. 대한민국 모든 엄마들 같이 저도 아이가 공부를 잘했으면 하는 소망이 있는데 큰 욕심일까요? 아들이 도통 공부에 흥미가 없네요. 특히 영어를 어려워해서 걱정입니다.

사실 저도 학교 다닐 때 영어 성적이 별로 좋지 못했거든요. 그래도 성적은 좋지 않았지만 전 적어도 아들처럼 노력 자체를 안 하지는 않았습니다. 영어 때문에 벌써부터 이렇게 스트레스가 쌓이는데 부광이가 중학교 입학하고 나면 얼마나 더 심해질까요? 생각만 해도 두려워집니다.

서울대를 나왔지만 부광이 공부에는 관심이 없는 남편에게 조심스레 이야기를 꺼냈습니다.

원하나 부광이 아빠, 잠깐 이야기 좀 하자.

공부장 응, 여보. 무슨 일이야?

원하나 부광이가 영어학원 다니기 싫다고 생떼인데 당신이 이야기 좀 해 봐.

공부장 호강에 겨워 요강에 똥을 싸고 있군. 학원 안 가면 용돈 안 준다고 해.

원하나 그렇게 성의 없게 말하지 말고 어떻게 좀 해 줘요.

공부장 나는 촌에서 평생 학원 한 번 안 가고 서울대 졸업했는데 누구 닮아서 그러는 건지. 에휴….

원하나 뭐야, 나 들으라고 일부러 그러는 거야? 제발. 나 혼자 감당하기 힘들단 말이야. 시간 좀 내서 일주일에 한두 번씩 직접 공부 좀 봐주면 안 돼?

공부장 가르치는 것도 수준이 맞아야 가능한 거야. 지금 부광이 상태면 어차피 이해 못 해. 이거 초등학생도 보낼 수 있는 스파르타식 기숙학원 어디 없나?

원하나 괜히 이야기 꺼냈네. 됐다, 됐어.

두 아들을 의대에 보낸 친척 언니의 비밀

부광이 공부에 대해 고민 상담을 하기 위해 친척 언니를 만나기로 했습니다. 언니의 두 아들이 모두 서울대 의대를 다니고 있거든요. 언니네 부부는 딱히 타고난 공부머리가 있는 거 같지 않은데, 어떻게 아들들은 공부를 잘했는지 궁금했습니다. 분명 언니에게 특별한 비결이 있는 듯했죠.

현실적으로 여러 번 제도가 바뀌어도 대한민국 입시라는 게 결국 국영수 싸움인데, 중학교 입학도 전에 영어에서 이렇게 헤매고 있으니 걱정이 이만저만이 아닙니다. 다른 건 다 생각 안 하고 부광이를 위해, 커서 나 같이 공부 못했다고 주위에서 무시 받지 말라고 자존심 다 버리고 언니에게 연락할 수밖에 없었죠.

원하나 언니, 요즘 너무 잘 나가는 거 아니야? 갈수록 얼굴이 너무 좋아 보여.

원공희 호호호. 뭐 너도 마찬가지인데. 하나도 안 늙고. 아직도 대학생 같아.

원하나 아니야. 언니는 형부 사업도 잘 되고, 애들도 서울대 의대 다녀서 밥 안 먹어도 배부르겠어.

원공희 남들이 다 그렇게 말하는데 아들 둘에 남편까지 2+1으로 뒷바라지하는 것도 쉽지 않네.

원하나 사실 언니… 나 고민이 있어서 만나자고 한 거야. 우리 부광이가 너무 공부에 흥미가 없고, 특히 영어를 너무 못해.

원공희 뭐, 우리 애들도 그때는 그랬으니까 너무 스트레스 받지 마.

원하나 아니야. 부광이 공부 갖고 항상 남편이 "너 닮아서 그래"라면서 무시해. 사실이니까 반박할 수도 없는데 자존심도 상하고 부광이한테 죄책감도 들고 미치겠어.

원공희 부장이 개 웃긴다. 너한테 결혼해 달라고 무릎 꿇고 울고 불고 매달릴 때가 언젠데….

원하나 그러니까. 근데 언니 책임도 있는 거 알지? 이런 화상을 소개해 줘서.

원공희 다음에 올 때는 같이 나와. 내가 때려 줄게.

영알못 엄마, 고급 정보를 입수하다

원하나 언니, 나 정말 궁금하고 절실해. 언니 아들 진아, 신아도 초등학교 다닐 때만 해도 공부에 별 흥미도 없고 해서 언니가 그냥 건강하게만 자라면 된다고 그랬잖아. 그런데 어떻게 마음잡고 공부해서 의대까지 갔는지 너무 궁금해. 응?

원공희 별거 아니야. 그냥 다들 때가 있는 거 같더라고.

원하나 언니, 나 정말 절실해. 제발 알려 줘.

원공희 아… 정말 곤란하네. 이거 정말 고급 정보인데….

원하나 언니 제발… 핏줄 좋다는 게 뭐야, 응?

원공희 휴, 그래. 핏줄끼리 챙겨야지 누가 챙기겠니. 사실 내가 답을 줄 수는 없고 일단 내가 알려 주는 학원 원장 선생님을 만나 봐. 우선 부광이랑 같이 가지 말고 혼자 가서 상담 받는 게 중요해.

원하나 언니, 이게 전부야?

원공희 응. 만약 기적이 일어난다면 이게 시작점이 될 거야. 그리고 이건 진짜 진짜 비밀인데… 부광이뿐 아니라 너의 인생도 달라질 수 있을 거야.

수상하다 수상해! 까꾸루쌤과의 첫 만남

며칠 전 친척 언니가 고급 정보라고 알려 준 영어학원에 왔습니다. 유명 프랜차이즈 학원도 아니고 집에서 먼 곳이라 사실 가는 길에 내심 불안했습니다. 도착하니 흔하게 볼 수 있는 지방의 허름한 동네 보습학원입니다. 그리고 원장님을 만났는데 허름하고 제멋대로인 옷차림에 덥수룩한 머리까지… 과연 선생님 맞나 싶습니다.

'언니는 뭐 이런 데를 소개해 주고 그래… 알려 주기 싫어서 뻥친 거 아니야?'라며 속으로 실망했지만 멀리까지 왔으니 일단 상담은 받아보자 하고 이야기를 꺼냈습니다.

까꾸루쌤 어머님, 안녕하세요.

원하나 네, 원장님. 안녕하세요.

까꾸루쌤 저희 학원에는 어떻게 오셨나요?

원하나 사실 진아, 신아 엄마 소개로 오게 되었어요.

까꾸루쌤 아, 서울대 의대 형제 말이죠? 형제가 둘 다 서울대 의대 가는 것은 전국적으로도 흔하지 않은 일이죠. 녀석들, 촌놈들이 서울대 입학했으면 인사라도 한 번 오지.

원하나 어떻게 잘 기억하시네요.

까꾸루쌤 우리 학원에 서울대 간 아이들이 많기는 한데, 진아, 신아는 처음 왔을 때는 사실 완전 개판(?)이었거든요. 제가 사람 만들었죠. 쑥과 마늘을 100일간 먹였습니다. 하하하. 농담입니다.

원하나 아, 그렇군요.

까꾸루쌤 진아, 신아 어머님과는 어떤 사이신가요?

원하나 제 친척 언니예요.

까꾸루쌤 역시 그래서 오실 수 있었군요. 어머님, 무엇이 고민이신가요?

원하나 요즘 우리 아이 영어가 너무 걱정돼요.

까꾸루쌤 자제분이 한 명인가요?

원하나 네. 공부광이라고, 아들 하나예요.

까꾸루쌤 아, 이미 공부광인데 저희 학원은 왜 보내시나요?

원 하 나 아뇨, 이름이 '공.부.광.'이에요.

까꾸루쌤 이름은 완전히 미친 듯이 공부할 것 같은데, 그렇진 않나 보네요.

원 하 나 그런 의미로 지은 건 아닌데 제발 그랬으면 좋겠네요. 아무튼 친척 언니가 진아, 신아 서울대에 보낸 비밀을 원장님이 알려 주신다고 했어요.

까꾸루쌤 에이~ 비밀까지는 아니고요.

원 하 나 저희 부광이가 이제 초등학교 6학년이거든요. 6학년부터는 다들 국영수 위주로 선행을 시키니까 학원에 보냈는데 다니기 싫다고 투정이에요. 게다가 영어시험을 봤는데 40점을 받아 왔더라고요. 어쩌면 좋죠, 제가 유난인 걸까요?

까꾸루쌤 한국 어머님들 마음이 다 그런 거 아닐까요? 전 1만퍼센트 공감합니다.

원 하 나 저학년 때부터 공부 습관을 잘 잡아줄 걸 너무 후회가 되네요. 중학교 가서부터 잘하면 되지 하고 제가 너무 안일하게 생각했나 봐요. 잘하는 아이들은 초등학교 3, 4학년부터 중·고등학교 선행하잖아요.

까꾸루쌤 사실 아이가 학습 내용을 제대로 소화 못하면 선행학습은 큰 의미가 없어요. 소화도 못하면서 진행하는 선행은 그냥 본인과 부모님의 정신 승리로 끝나서 성적에 더 악영향을 끼칠 수도 있습니다. 그리고 지나간 일 후회한다고 해서 달라지는 건 없으니 너무 자책하지 마세요.

원 하 나 우리 부광이 같은 경우가 많은가요?

까꾸루쌤 부광이 같은 경우는 아주 많은 편이에요.

초등 영어는 회화, 중등 영어는 문법

까꾸루쌤 어머님, 초등 영어와 중등 영어의 차이를 두 단어로 압축하면 뭘까요?

원 하 나 글쎄요… 막연한 느낌은 있는데 막상 두 단어로 압축하라 하니 잘 모르겠네요.

까꾸루쌤 바로 회화와 문법이에요!

원 하 나 아~ 맞아요. 제가 생각했던 건데 원장님이 딱 떨어지게 설명해 주셨네요.

까꾸루쌤 사실 한국 영어 교육의 본질적인 문제점이죠. 초등학교까지는 실생활에서 활용할 수 있는 '실전 영어' 중심의 교육을 하다가 중학교부터 점수 따기가 목적이 되는 '입시 영어' 중심의 교육을 한다는 거예요.

원 하 나 맞아요. 그런 거 같더라고요.

까꾸루쌤 영어가 '소통'을 위한 수단이어야 하는데 수단인 '점수' 자체가 목적이 되다 보니 10년 이상 공부를 하고도 막상 실전에서는 소통이 안 되는 거죠.

원 하 나 그래서 우리 부광이가 그렇게 된다고요?

까꾸루쌤 아뇨. 지금 한 이야기는 우리나라 영어 교육의 문제점에 대한 본질적인 이야기이고요. 어쨌든 초등학교의 영어 수업과 평가에서 중학교에 올라오면서 갑자기 학생들이 어려워할 만한 요소가 많아진다는 거죠.

원 하 나 그래요? 구체적으로 어떤 것들이 있을까요?

까꾸루쌤 나열하자면 많아요. 초등학교 영어는 말하기와 듣기 위주라면 중학교부터는 읽기와 쓰기가 중심이 되고, 문법이 등장하고, 문장의 길이도 길어지면서 그 구조도 복잡해져요.

원 하 나 휴… 공부할 게 한두 개가 아니네요. 그럼 제가 부광이를 원장님께 믿고 맡기면 나아질 수 있는 건가요?

까꾸루쌤 아니요. 부광이를 저에게 믿고 맡긴다고 성적이 오르는 건 아니에요.

원 하 나 뭐라고요? 언니 말만 믿고 멀리까지 왔는데 아이 성적이 오르지 않는다고요?

까꾸루쌤 아이를 믿고 맡기는 것 말고 아이의 영어 성적을 올리는 우리 학원만의 비법은 따로 있습니다. 그런데 어머님들이 대다수가 실천하지 않으셔서 진아, 신아 같은 사례가 많지 않은 것이 안타까운 점이지요.

원 하 나 그럼 도대체 어떻게 해야 하나요?

괴짜 같은 원장의 대응이 좀 황당하기는 했지만 보통의 학원들과는 다른 것 같습니다. 대개는 자기들을 믿고 맡기면 성적을 올릴 수 있다는 감언이설로 꼬드기고는 했는데 그것 말고 자신만의 비법이 있다고 하니, 호기심도 생기고 해서 일단 들어 보기로 했습니다.

강의실
강의실

아이 대신 공부를 하라고?

까꾸루쌤 어머님, 제 질문에 솔직하게 대답해 주셔야 해요.

원 하 나 뭔지는 모르겠지만, 알겠습니다.

까꾸루쌤 어머님, 학교 다닐 때 공부 잘하셨나요?

아, 여기서도 제 아픈 과거를 묻다니, 자존심이 은근 상합니다. 그렇지만 부광이를 위해 솔직하게 대답했습니다.

원 하 나 아니요.

까꾸루쌤 아버님은요?

원 하 나 우리 남편은 서울대 경영학과 졸업해서 지금 공기업 부장이에요.

까꾸루쌤 부광이가 아버님 닮았으면 공부 잘했겠…. 아, 혼잣말한 겁니다. 죄송합니다.

원하나 맨날 듣는 소리고 그럴 때마다 자존심 상하지만 사실이라서 핑계를 댈 수도 없네요. 제 소원은요, 부광이가 저 같지 않고 아빠같이 공부를 잘했으면 하는 거예요.

까꾸루쌤 대한민국 엄마들의 마음은 다 그런 것 같습니다. 잘 될 거예요. 너무 걱정하지 마세요.

한 달 만에 영어고수가 되는 특급 비밀

원하나 우리 때 그랬잖아요. 공부 못하는 게 죄는 아닌데 그 이유 하나로 학창 시절 설움도 많이 겪고 졸업 후에도 사회 여건상 여러 기회도 놓치다 보니 우리 부광이는 그렇지 않았으면 하는 거죠. 부모 마음이 다 그런 거 아닐까요?

까꾸루쌤 네. 저도 공감합니다. 사실 저도 학교 다닐 때 그리 공부를 잘하는 것도 아니었고 영어 성적도 좋은 편이 아니었어요. 영어나 어학 관련된 전공도 아니었고요. 그런데 어쩌다 보니 이렇게 영어학원을 운영하면서 아이들을 지도하고 있네요. 사람의 인생은 참 예측하기 힘든 거 같아요.

원 하 나 원장님은 당연히 영어 성적이 좋았을 거라고 생각했는데… 그럼 원장님의 비법은 뭐예요?

까꾸루쌤 아이의 영어 성적을 올리는 우리 학원만의 비법은 바로….

원 하 나 네. 바로… 뭔가요?

까꾸루쌤 바로~!

원 하 나 복면가왕도 아니고 뭐예요?

까꾸루쌤 어머님도 딱 한 달만 영어 공부를 같이 하시는 거예요!

원 하 나 네? 저도 영어 공부를 하라고요?

까꾸루쌤 네. 더도 말고 저와 함께 주 2회, 딱 한 달만 영어 공부를 해보시죠.

아이 성적을 올리려고 왔는데, 저보고 공부를 하라니 이 무슨 말인가요? 수상한 원장의 상상도 하지 못했던 뜬금없는 해결책에 매우 당황스러웠습니다.

까꾸루쌤 강요하지는 않겠지만 어머님이 직접 공부를 하면 좋은 흐름이 이어져서 부광이 영어 성적도 올릴 수 있어요. 그리고 한 달 간의 어머님 교육비는 따로 받지 않아요. 그냥 아이들 학원 수업이 없는 시간대에 저와 스케줄 맞추어서 가볍게 함께 하시면 됩니다.

엄마가 공부를 하면 아이 영어 성적이 오른다는 원장의 말이 너무 황당하지만, 수업료도 따로 안 받는다니, 속는 셈 치고 더 들어 보기로 했습니다.

다이어트 실패와 영어 공부의 관계

원장님은 공부 이야기를 하다가 뜬금없는 방향으로 대화의 주제를 바꿨습니다.

까꾸루쌤 어머님. 혹시 다이어트해 보셨어요?

원 하 나 갑자기 다이어트요? 딱히 없어요. 제가 얼굴, 몸매는 자신 있거든요. 살면서 우리 부광이 임신할 때 빼고는 항상 S라인을 유지하고 있어요.

까꾸루쌤 와, 축복받으셨네요. 누구나 한번쯤은 도전하는데 성공한 사람은 많지 않은 대표적인 분야가 바로 영어와 다이어트죠. 남자들은 여기에 더해서 금연. 그런데 왜 다이어트에 도전한 사람들 대다수가 실패하는 줄 아세요?

원하나 글쎄요. 식욕을 참지 못해서? 유혹이 너무 많아서?

까꾸루쌤 이유야 갖다 붙이기 시작하면 수백 가지 정도 되겠죠? 그런데 제가 피트니스 클럽을 다니면서 다이어트에 도전하는 사람들의 행동 패턴을 지켜본 결과, 제가 생각하는 하나의 이유가 있어요.

원하나 오, 궁금하네요. 그 이유가 뭘까요?

까꾸루쌤 다이어트를 시작하면서 갑자기 안 하던 운동과 식이요법을 동시에 하기 때문이죠.

원하나 네? 다이어트엔 운동과 식이요법은 필수 아닌가요?

까꾸루쌤 생각해 보세요. 평소에 운동을 하나도 안 하고 먹고 싶은 거 참지 못하고 마음대로 먹던 사람에게 갑자기 동시에 진행하는 운동과 식이요법이 과연 쉬울까요?

원하나 하긴, 주위에서 안 하던 운동을 하니 몸살 나고 트레이너가 잔소리해서 스트레스 받는다고 폭식해서 아이러니하게 살이 더 찌는 경우도 많이 본 거 같아요.

까꾸루쌤 그렇습니다. 먹고 싶은 거 마음대로 먹고 운동도 하나도 안 했던 사람 입장에서는 좀 노골적으로 표현하면 운동도 빡센 거고 식이요법도 빡센 거예요. 빡센 거 더하기 빡센 거를 갑자기 동시에 하다 보니 금방 포기하게 되는 거죠. 이렇게 해서 성공하는 사람은 거의 축구선수 박지성급 인내력이 있는 사람이나 가능한 거예요.

다이어트도 영어도 체력전이다

원하나 그럼 어떻게 해야 다이어트에 성공할 수 있나요?

까꾸루쌤 제 주장은 절대 운동과 식이요법을 동시에 시작하면 안 된다는 거예요. 그래서 저는 우선 먹을 것은 평소같이 먹되, 과식은 피하고 일단 운동부터 시작하라고 해요. 먼저 살을 뺄 체력을 만드는 거죠.

원하나 말씀 듣고 나니까 일리가 있네요. 원장님, 학원 말고 다이어트 클리닉 차리셔도 되겠는데요?

까꾸루쌤 한두 달 정도 꾸준하고 열심히 운동하면 몸의 상태가 올라오는 게 스스로 느껴지거든요. 살을 뺄 수 있는, 즉 다이어트를 할 수 있는 체력이 생기기 시작한 거죠. 바로 이때 식이요법을 시작하는 거예요. 몸이 적응되었기 때문에 운동 강도도 차근차근 높이고요. 이렇게 하면 다이어트의 성공

확률은 높아질 수 있어요.

원하나 와, 다음에 다이어트 할 일 있으면 써 먹어야겠네요.

까꾸루쌤 어머님, 그런데 영어 공부도 마찬가지에요. 영어도 우선 기초 체력을 키우는 게 첫걸음이에요. 어머님께 딱 한 달만 영어 공부를 같이 하자고 제안한 것은 바로 영어의 기초 체력을 키우는 감을 같이 익혀 보기 위함입니다.

어디로 튈지 모르는 럭비공 같은 대화인가 싶으면서도 뭔가 원장의 논리에 묘하게 빠져들기 시작했습니다. 친척 언니가 말한 비밀이 정말 있을 것 같다는 생각이 문득 스치듯이 흘러갔습니다.

정말 한 달 만에 가능할까?

영어의 기초 체력을 기르라는 원장 선생님의 말은 기가 막히게 맞는 거 같은데, 도대체 구체적으로 어떻게 해야 하는지 의문이 생겼습니다.

원하나 그럼 한 달 동안 키울 영어의 기초 체력이 무엇인가요?

까꾸루쌤 그에 대해서 알려 드리기 전에 우선 제가 여쭤볼 게 있는데요. 어머님은 전에 어떤 영어 공부를 해 보셨어요?

원하나 뭐, 보통 제 또래들이랑 똑같죠. 학교 수업 듣고, 학원 다니고 수능 준비하고, 대학교 들어가서는 토익 준비하고 그랬어요.

까꾸루쌤 와~ 그럼 영어를 10년 이상 공부하셨으니 회화도 잘하고 문법도 잘하시겠네요.

원 하 나 아니에요. 문법은 손을 놓은 지 오래되어서 아이들 교과서나 참고서들 보면 대충은 알 것 같다가도 결국에는 기억이 가물가물하더라고요.

10년 공부가 말짱 도루묵이 되는 이유

까꾸루쌤 이상하죠. 공부한 기간으로 보면 우리나라 사람들은 다 영어고수가 되어야 하는데, 그 많은 돈과 시간을 다 날려먹은 것이 되었으니까요.

원 하 나 그러게요. 다 헛돈 쓰고 헛시간 날려버린 거 같아요.

까꾸루쌤 그거 말고 또 영어 공부해 보신 거 없어요? 보통 한국 사람들이 한두 개는 있는 경우가 많더라고요.

원 하 나 한참 영어 받아쓰기가 유행해서 해 본 적 있고, 그리고 회화 공부는 몇 번 시도해 봤어요.

까꾸루쌤 그래서 성과를 좀 보셨나요? 아니면 끝까지 해 보셨나요?

원 하 나 아니요. 중간에 잘 안되서 포기했어요. 전 진짜 공부머리는 없나 봐요. 노력을 안 한 건 아닌데 실력이 잘 안 오르더라고요. 무엇보다 언제나 영어는 너무 어려웠어요. 암기해야 할 것도 많고.

까꾸루쌤 어머님. 자책하실 필요는 없어요. 대다수가 그러거든요. 어머님이 말씀하신 영어 암기법같은, 대중적으로 잘 알려진 공부법들은 영어 실력을 키워 주는 좋은 방법이 맞기는 해요. 그런데 이러한 방법으로 끝까지 해서 성공적으로 영어 실력을 키우는 사람은 많지 않아요. 혹시 그 이유가 궁금하지 않으세요?

원 하 나 네, 다 좋은 방법인데 왜 영어 실력은 쉽게 안 늘까요?

까꾸루쌤 그건 그 공부법이 틀린 게 아니라 한국인의 특성과 괴리감이 있어서 그래요.

원 하 나 한국인의 특성이요?

까꾸루쌤 네, 한국인만의 특성이 있죠. 바로 '빨리빨리'. 느낌 오시죠?

원 하 나 아~ 공감 되네요.

까꾸루쌤 외국 사람들이 한국에서 생활하면서 가장 먼저 배우는 표현이 바로 이 '빨리빨리'라고들 하죠. 한국 사람들은 성격이 급하고 확실한 것을 좋아해요. 성과가 있다는 느낌이 빨리 나와야 다음 단계로 넘어갈 수 있죠. 그런데 아까 말씀하신 방법들은 그렇지 못해요. 방법이 틀린 건 아닌데 꾸준하게 오래해야 실력이 늘었다는 느낌이 들죠.

원하나 그럼 원장님은 무슨 마법과 같은 방법이 있나요?

까꾸루쌤 네. 저만의 확실한 솔루션이 있죠. 영어 실력을 완벽하게 키워 주는 것은 아니지만 한 달 만에 영어의 기초 체력이 크게 향상되는 것은 분명하게 느낄 수 있을 거예요. 이건 제가 장담합니다. 그리고 어머님이 손해 볼 일은 특별하게 없잖아요. 부광이 학원비 내고 어머님은 공짜로 배우는 건데. 편의점에서나 볼 수 있는 1+1 할인행사를 학원에서 체험하는 거예요. 하하.

도대체 이 원장님의 정체는 뭘까요? 저의 아픈(?) 과거의 스토리도 끌어냈는데 영어 공부에 실패했던 원인도 정확하게 집어내다니요. 원장님의 상담에 회의적이었던 마음이 드디어 호기심으로 급격하게 바뀌었습니다.

까꾸루쌤 어머님, 영어에 대한 어머니의 감정이나 느낌은 어떤가요?

원하나 그리 긍정적이지는 않아요. 잘하고는 싶은데 앞에만 서면 왠지 작아지고… 다들 비슷하지 않을까요?

까꾸루쌤 아버님은 어떠세요? 공부를 잘하셨으니 회화도 잘하시고 영어에 좋은 느낌을 갖고 있나요?

영어 앞에서 한없이 작아지는 한국인

원 하 나 딱히 그런 거 같지는 않아요. 학교 다닐 때, 토익같은 시험에서 점수는 좋았을지 몰라도요. 남편 고향이 이 동네거든요. 그냥 책이랑 참고서를 달달 외는 식으로 공부했는지 해외 여행을 가도 외국인이랑 길게 대화하는 모습을 본 적이 없었어요. 저처럼 영어 앞에서는 작아지는 그런 마음인 것 같았어요.

까꾸루쌤 맞아요. 다들 그런 마음이죠. 그래서 저는 요약해서 이렇게 한 마디로 표현합니다. "한국인은 집단으로 '영어 노이로제'에 걸려 있다!"

원 하 나 와, 정말 돌직구인데 정확한 표현이에요. 특히 저는 영어 노이로제 중증 환자인 거 같아요.

까꾸루쌤 그렇다면 한국인들은 왜 영어 노이로제에 걸려 있을까요?

원 하 나 글쎄요. 발음이 안 좋아서요?

까꾸루쌤 아닙니다. 차차 말씀드리겠지만, 발음은 영어 실력이나 영어로 소통하는 데 본질적으로 그리 중요한 게 아니에요. 우리가 영어 노이로제에 걸린 이유를 알아야 어머님도 영어 노이로제에서 벗어날 수 있고, 앞으로 부광이 영어 학습 지도하는데 가장 중요한 포인트를 확실하게 잡고 갈 수 있는 거예요.

원 하 나 원장님, 정말 궁금해요.

까꾸루쌤 한국인이 영어 노이로제에 걸려 있는 가장 중요한 이유는 대다수가 영어에서 성공한 경험이 별로 없기 때문이에요. 항상 어려운 시험을 보고 그 시험을 치루고 나면 더 어려운 과제와 시험이 기다리고 있고… 그런데 시험이라는 것이 기본적으로 경쟁을 위한 상대평가를 기본으로 깔고 가잖아요. 그래서 영어에 대한 부정적인 감정만 쌓여가고 결국 노이로제에 걸리게 되죠.

원 하 나 원장님 말씀이 맞네요. 저도 항상 영어는 스트레스였고 스스로도 잘했다거나 성공했다는 느낌을 받은 적은 없는 거 같아요.

까꾸루쌤 이 지긋지긋한 영어 노이로제를 이제는 끝내고 싶지 않으세요? 영어에 대한 두려움에서 벗어나는 거예요.

원 하 나 네. 할 수만 있다면 꼭 벗어나고 싶네요. 저도 영어 잘해서 남편의 그 잘난 코를 납작하게 해 주고 싶어요.

까꾸루쌤 어머님, 저하고 딱 한 달만 공부하시면 확실하게 노이로제에서 벗어나실 수 있어요. 한 달 만에 영어의 성공 경험과 자신감을 얻을 수 있을 거예요.

부광이가 학원에 다니면 저는 공짜로 공부를 시켜 준다고 했지만, 진짜 영어 노이로제에서 벗어나게만 해 준다면 저도 따로 과외비를 내서라도 이 수업을 받아 보고 싶다는 생각이 들기 시작했습니다.

기초 체력을 쌓으면 영어가 술술 풀리는 이유

원 하 나 원장님. 진짜 딱 한 달 맞나요?

까꾸루쌤 네. 딱 한 달 맞아요. 물론 어머님이 더 하고 싶다면 말리지 않을 거고요. 그런데 중요한 것은 제가 이런 안내를 드려도 한 달 동안 직접 와서 공부하는 어머님들이 거의 없어요. 진아, 신아같은 경우가 잘 나오지 않는 이유가 여기에 있죠.

원 하 나 그럼 한 달 동안 어떤 영어 공부를 하는 건가요?

까꾸루쌤 어머님이 한번 맞춰보시겠어요? 퀴즈입니다.

원 하 나 글쎄요. 회화? 문법? 독해?

까꾸루쌤 회화, 문법, 독해가 과연 한 달 공부한다고 해서 괄목할 만한 성과가 나올까요? 어머님도 이런 거 지금까지 10년 넘게 많이 하셨잖아요.

원 하 나 그럼 도대체 뭘까요? 도저히 감이 잡히지 않는데요.

까꾸루쌤 우리 학원만의 비법은 바로 '영작문'입니다!

원 하 나 네? 영작문이요?

까꾸루쌤 네. 영작문이요!

영작문은 최종 관문? No, 영작문부터!

원 하 나 원장님, 영작문은 영어 중에서도 가장 어려운 파트 아닌가요? 심지어 국어에서도 가장 심화 과정이 작문이잖아요.

까꾸루쌤 네! 그러니까 지금 영작문부터 공부해야 하는 거예요.

원 하 나 저는 지금 원장님께서 무슨 말씀을 하시는 건지 도통 이해가 가지 않아요.

까꾸루쌤 이해를 돕기 위해서 다른 과목의 예를 하나 들어 볼게요. 제가 원래 영어 강의가 아니라 수학 강의부터 시작한 선생님이거든요. 어머님, 수학문제집 중에서 《개념원리 수학》이라는 책 한 번은 들어 보셨죠?

원 하 나 네. 물론 들어 봤어요. 저도 학교 다닐 때 풀어본 적 있고요.

까꾸루쌤 그렇다면 《개념원리 수학》이라는 교재는 언제부터 유명해졌을까요?

원하나 글쎄요… 그런 것까지는 생각해 본 적이 없어서요.

까꾸루쌤 1991년에 출간되었는데, 그때 바로 큰 반응이 있었던 건 아니에요. 1993년도 이후로 유명해졌죠. 하필이면 왜 1993년 이후일까요?

원하나 글쎄요. 1993년에 그 책 출판사에서 광고를 많이 했을까요?

까꾸루쌤 아니요. 1994년에 처음으로 대학수학능력시험, 즉 지금의 '수능'이 등장했거든요.

원하나 그게 《개념원리 수학》이랑 무슨 상관이에요?

까꾸루쌤 수능하고 그 전의 대입제도였던 '학력고사' 하고는 수학 문제에서 근본적인 차이가 있어요.

원하나 그래요? 둘 다 같은 수학시험인데 차이가 뭘까요?

까꾸루쌤 수능 수학은 개념을 정확하게 이해해야 풀 수 있는 반면에 학력고사는 공식이나 패턴을 암기해서 그대로 적용만 하면 풀 수 있는 문제가 많았던 거죠.

원하나 그래요? 무슨 말씀이신지 이해가 갈 듯 말 듯한데 어쨌거나 그게 영어하고 무슨 상관이에요?

까꾸루쌤 우리가 한 달 동안 영작문 공부를 하는 것은 바로 지금까지

한 번도 생각해 보지 않았던 영어의 큰 개념을 확실하게 잡고 가는 거예요! 그래서 한 달 만에 영어의 기초 체력도 확실하게 키우고 확실한 성공 경험을 쌓을 수 있는 것이죠!

원하나 한 달 만에 영어의 큰 개념을 잡을 수 있을까요?

까꾸루쌤 한 달 동안의 교육에서는 영어의 스펠링, 세부적인 표현이나 디테일한 문법이 정확하게 맞고 틀린 것에 초점을 두지는 않을 거예요. 우선 영어의 큰 기둥을 잡고 가자는 거죠. 아마 여태까지 어느 학교나 학원에서도 이런 식으로 공부하지는 않았을 거예요. 한 달 동안 영작문 공부로 큰 그림을 그리면 영어를 보는 관점 자체가 달라질 거예요.

원하나 원장님. 저 어쩌죠? 솔직히 영작문 공부하자는 말씀에 이거 뭐야 싶었거든요. 그런데 수능 수학 이야기에 '개념원리' 어쩌고 비유까지 들으니까 원장님 말씀에 갑자기 납득 가기 시작했어요.

까꾸루쌤 하하하. 예전에 회화 공부하다 포기했다고 하셨죠?

원하나 왜 잘 나가시다 또 아픈 과거를 꺼내고 그러세요.

까꾸루쌤 보편적으로 암기하는 회화 공부는 끝까지 하는 경우가 많지 않아요. 말씀드렸지만 말하기 위해 암기하는 공부가 틀린 방법은 아니에요. 영어를 잘하려면 그런 과정을 거쳐야 하죠. 그런데 모든 공식과 패턴을 암기하고 훈련하려면 힘들고 지루해요.

영작문으로 영어의 큰 기둥 먼저 세우기

원하나 맞아요. 저도 학생 때 무작정 외우는 게 가장 힘들었어요.

까꾸루쌤 반면에 영작문 수업을 들으면 한 달 만에 영어의 큰 개념을 세울 수 있어요. 영작문이 나무의 기둥이라면 다른 여러 가지 공부법들은 나무의 가지나 잎, 꽃이에요. 그래서 영어의 개념을 잡는 것을 다이어트로 치면 기초 체력을 잡는 것으로 생각하면 되죠. 그럼 다음 단계의 실력은 쑥쑥 늘 수 있고 어머님은 이 정도만 잡고 있어도 적어도 부광이 중등 영어의 확실한 중심을 잡아 줄 수 있어요. 더 나아가서 수능 영어 직독직해의 큰 그림을 확실하게 볼 수 있죠.

원하나 부광이 수능 영어까지요? 그럴 수만 있다면 정말 좋을 것 같아요.

까꾸루쌤 그렇다면 저와 함께 딱 한 달만 새로 영어 공부해 보시겠어요? 이렇게 입 아프게 설명드려도 "좋은 거 같아요" 하다가 막상 본인이 공부하겠다는 어머님이 많지 않아서요. 그런 분들이 대다수인데 진아, 신아 어머님은 저와 직접 공부했기 때문에 두 아들 모두 서울대에 보냈다고 저는 120퍼센트 확신합니다.

원하나 네. 아직은 정확하게 뭔지는 모르겠지만 부광이도 등록하고 저도 말씀대로 딱 한 달만 영어 공부해 볼게요. 다른 건 모르겠고 부광이에게 저처럼 주위에서 영어 못한다고 무시당하는 설움을 물려주기는 싫어요.

까꾸루쌤 잘 결정하셨습니다. 부광이 어머님은 아주 훌륭한 선택을 하셨어요.

원하나 그럼 언제 나오면 되는 건가요?

까꾸루쌤 부광이는 다른 학원 스케줄이랑 맞추어서 조절하시고요. 일단 부광이는 학원에서 직접 영작문을 바로 가르치지는 않을 거예요. 어렵지 않은 기초문법부터 가볍게 지도할 것입니다. 어머님도 11시부터 한 시간 정도 공부하면 될 것 같아요.

원하나 네? 그럼 부광이 영작문은 누가 가르치나요?

까꾸루쌤 누구긴요. 제가 알려 드리면 어머님이 집에 가서 직접 부광이를 가르쳐야죠. 부광이의 한 달간의 영작문 기초 체력을 길러 주는 것은 어머님 몫이에요. 진아, 신아 형제가 모두 서울대에 갈 수 있었던 이유가 바로 이 과정을 거쳤기 때문이죠.

원하나 어머나, 걱정이 되네요. 부광이를 위해서 죽기 살기로 해야겠어요.

까꾸루쌤 지금 걱정하시는 것보다 어렵지 않을 거예요. 파이팅! 다음 주에 뵐게요.

원하나 네… 파이팅…!

일단 영작문 공부를 하는 것이 부광이 성적을 올릴 수 있는 노하우라고 해서 한다고 했습니다. 걱정이 앞서는 마음과 함께 다른 한편으로는 오랜만에 나를 위한 공부를 시작한다는, 왠지 모를 설렘을 느끼며 돌아갔습니다.

까꾸루쌤의 특급 비밀

영어 공부는 다이어트다

원! 영어는 다이어트처럼 기초 체력이 필요하다! 한두 달 정도 꾸준히 운동하면 다이어트 체력이 생기듯 한 달 정도 꾸준히 공부하면 영어 체력이 생긴다.

투! 다이어트 식이요법을 시작하듯, 영작문으로 개념을 잡는다.

쓰리! 다이어트도 실천해야 살이 빠지듯, 영어도 일단 시작하라!

◇ 한 달 만에 기르는 영어의 기초 체력 ◇

· 영어를 잘하려는 마음 버리기 → 거꾸로 생각하기 → 영작문으로 자리 이해하기 → 영어 구조 세우기 → 배운 것을 아이에게 직접 가르치기 → 영작문 실습

2장

영.잘.러의 영어는 거꾸로 흐른다

지금은 영어 공부의 호시절

오늘은 영작문 첫 수업입니다. 오랜만에 노트와 펜을 들고 학원에 가니 다시 대학생이 된 것 같은 기분도 들고 설레는 마음이 듭니다. 첫 수업의 두근거림과 긴장감이 교차하는 묘한 강의실의 분위기를 깨고 원장 선생님이 들어왔습니다.

까꾸루쌤　안녕하세요.

원 하 나　안녕하세요, 원장님.

까꾸루쌤　어머님, 지금부터는 저를 원장님이라 부르지 마시고 '까꾸루쌤'이라고 불러 주시면 좋을 것 같아요.

원 하 나　네? 까꾸루쌤이요? 재미난 이름이네요. 무슨 뜻인가요?

까꾸루쌤 까꾸루쌤이라는 호칭의 깊은 의미는 나중에 알려 드릴게요. 우리 학원의 모든 학생들은 저를 원장님이 아니라 까꾸루쌤이라고 불러요. 어머님도 그렇게 불러 주세요.

원 하 나 네, 까꾸루쌤~

까꾸루쌤 오늘 수업은 첫 시간이니 간단하게 어머님이 영작문을 공부해야 하는 이유를 생각해 보겠습니다.

원 하 나 네!

까꾸루쌤 어머님. 제가 영어를 잘할까요?

원 하 나 네. 영어학원 원장님이니 당연히 잘하시겠죠.

까꾸루쌤 아니에요. 저도 영어를 잘하지 못해요. 전공도 아니고요. 어머님과 지금까지 받은 영어 교육과 제가 받은 교육도 큰 차이는 없을 거예요.

원 하 나 그럼 어떻게 학생들을 가르치죠?

까꾸루쌤 제가 영작문 수업을 하는 것은 강의가 아니라 노하우예요. 노하우이기 때문에 영어를 잘 못하는 저도 강의를 하는 거죠. 노하우이기 때문에 영어를 잘 못하는 사람도 조금만 노력하면 효과를 볼 수 있어요. 영어의 중요한 개념을 잡아 주기 때문에 학생들의 성장을 도와줄 수 있죠. 어머님도 분명 기본적인 영작문을 부광이에게 직접 지도하실 수 있습니다. 자신감도 확실하게 붙을 수 있을 거예요.

<오징어 게임>과 영어 공부를 해야 하는 이유

원하나 까꾸루쌤도 스스로 영어를 잘 못한다고 커밍아웃하시니 왠지 벌써 자신감이 붙는데요.

까꾸루쌤 제가 요즘 자주 하는 말인데, 지금이 대한민국 역사상 가장 영어 공부하기 좋은 시절이고 꼭 해야 하는 시기예요. 왜 그럴까요?

원하나 유튜브나 여러 무료 영상이나 다양한 교육 자료가 많아서 아닐까요?

까꾸루쌤 그 답도 맞기는 한데 제가 생각하는 답은 그게 아닙니다.

원하나 그럼, 왜요?

까꾸루쌤 바로 방탄소년단(BTS)이나 넷플릭스 드라마 〈오징어 게임〉 같은 한류 때문이에요.

원하나 한류랑 영어 공부랑 무슨 상관인가요?

까꾸루쌤 BTS, 〈기생충〉, 〈오징어 게임〉, 〈킹덤〉 같은 한류 콘텐츠 때문에 지금이 우리가 영어 공부하기 가장 좋은 시절이고 꼭 해야 합니다.

원하나 무슨 말씀이신가요? 한류 때문에 외국인들에게 한국어 배우기 열풍이 불었다는 소리는 들었지만, 영어 공부하기 좋은 시절이라는 말씀은 뜬금없는 거 같은데요.

까꾸루쌤 맞아요. 어머님 말씀대로 한류 덕분에 수많은 외국 사람들이 한국어 공부를 시작했어요. 불과 10년 전과도 비교할 수 없는 새로운 흐름이 생긴 거죠. 큰 변화의 시작이에요. 예전과는 다르게 조금이라도 한국어를 할 수 있는 외국인이 많이 생겼고 앞으로는 점점 폭발적으로 늘어날 것입니다. 한국어를 가르쳐 주는 세종학당에 지원자가 몰려서 수강을 못 하고 돌아가는 사람이 넘친다는 뉴스도 나오고 있어요.

원하나 그게 영어 공부랑 무슨 상관인 거죠?

까꾸루쌤 이런 흐름이 말하는 이면을 보셔야 해요. 이제 우리가 완벽하게 영어를 구사하지 않아도 외국인과 의사소통을 할 수 있는 시대가 시작됐다는 의미지요. 예를 들어 예전에는 우리나라 사람이 영어를 잘 구사해야 미국인과 소통이 되었죠. 그런데 한국어를 공부한 미국인이 늘어나면, 조금이라도 영어를 할 수 있는 한국인과 조금이라도 한국어를 할 수 있는 미국인은 한국어와 영어를 혼용해서 얼마든지 자연스러운 소통이 가능하다는 거죠. 이제 우리가 완벽하게 영어를 해야 한다는 강박관념을 갖지 않아도 되는 시대가 되었다는 거예요.

원하나 듣고 보니 그렇네요.

까꾸루쌤 여기서 우리가 염두에 두어야 할 점은 외국인 중 한국어를 완벽하게 쓸 수 있는 사람은 많지 않을 것이라는 거죠. 언어적 재능이 특출나게 발달하지 않은 이상 모국어가 아닌 언어를 완벽하게 구사하기란 쉽지 않아요. 우리의 지향점은 '완벽한 영어'가 아닙니다. 대신 저와 한 달간 영작문 수업을 진행하면 영어의 구조를 이해한다는 자신감은 분명하게 생길 거예요.

영어는 못해도 자신감이 반이다

까꾸루쌤 오랜만에 학교 다닐 때처럼 수업 듣고 공부하려니까 기분이 어떠신가요?

원 하 나 설레기도 하고 걱정도 되네요. 어쨌거나 기대가 돼요.

까꾸루쌤 어머님들도 그렇고 학생들도 그렇고 저와 공부하실 때 보통 처음에 다들 기대가 많더라고요. 그런데 큰 기대는 하지 마세요.

원 하 나 쌤, 이건 또 무슨 말씀이세요?

까꾸루쌤 어머님. 제가 한국인들은 영어에 집단 노이로제에 걸려 있다고 말한 적이 있잖아요. 그 이유가 뭐라고 했죠?

원 하 나 영어에서 성공 경험이 없다고 했던 거 같아요

영어 앞에서 작아지는 근본적인 원인

까꾸루쌤 혹시 성공 경험이 없게 만드는 근본적인 원인이 뭘까요?

원 하 나 글쎄요. 어렸을 때부터 어려운 시험에 지쳐서 아닐까요?

까꾸루쌤 제 생각에는 영어를 '잘하려고 해서' 그래요.

원 하 나 당연히 영어를 잘하려고 공부하는 거 아닌가요? 안 그러려면 뭐하려고 힘들게 공부를 해요?

까꾸루쌤 아니요. 영어 잘하려 하지 마세요. 이게 저와 한 달 동안 공부할 때 기본으로 깔고 갈 마인드입니다. 이 마인드 세팅을 해야 아이들에게도 우리와 같은 노이로제에 빠지는 악순환에서 벗어나게 만들어 줄 수 있어요. 아까도 잠시 언급했지만 이건 진실이에요. 불편한 진실. 우리나라에서 태어나서 성장한 한국인들은 아무리 노력해도 영어권 원어민처럼 말하기 어려워요. 이건 단순히 발음이 나빠서가 아니에요.

원 하 나 그럼 이유가 뭔가요?

까꾸루쌤 언어는 단순히 소통의 수단이 아니에요. 해당 언어권의 사고 체계이고 문화가 압축된 산물이죠. 결국 한국인에게 영어는 외국어입니다. 우리는 영어에 있어서는 외국인이고 외국인이니까 외국어만큼만 해도 충분하다는 뻔뻔함을 깔고 가야 합니다. 우리가 보통 미국인에게 한국말을 완벽하게 하기를 기대하지 않잖아요. 미국인들도 사실 큰 기대를 하지 않을 거예요.

원 하 나 원장님의 말씀을 들으니 마음이 한결 가벼워지는데요. 사실 우리는 너무 점수에 목 매달고 영어 공부를 하니까 너무들 실수를 부끄러워하는 것 같아요.

까꾸루쌤 우리나라에서 늦게 시작해서 영어 잘하는 연예인 중에 예능인 김영철 씨라고 있잖아요. 그분이 예전에 TV 특강에서 강의한 내용이 공감이 가더라고요. 그때 김영철 씨가 한국인들이 영어를 못 할 수밖에 없는 이유를 설명했어요. 요지는 방금 제가 말했던 내용이었어요. 영어는 외국어라 틀리는 게 당연한 건데, 너무 겁을 먹는다고요. 완벽하고 고급스럽고, 유창하고 세련된 표현들은 영어를 많이 하다 보면 자연스럽게 늘 테니 우선 할 수 있는 것부터 해 보라는 거죠.

원 하 나 맞아요. 한국인들은 항상 성적으로 평가되고 혼나고 하니까 '영어'하면 두려운 대상이라고 무의식에 심어져 있는 것 같아요.

까꾸루쌤 그리고 좀 현실적으로 우리 어머님들 일상을 생각해 보자고요. 아이들이야 직업이 학생이니까 공부에 집중할 수 있죠. 물론 진짜 집중해서 공부하는 학생만 있는 것은 아니지만요. 그런데 어머님은 이거 말고 할 일, 신경 쓸 일들이 얼마나 많아요. 그런데 영어를 잘하려고, 완벽하게 하려고 하면 괜한 스트레스만 더 받게 되겠죠? 괜한 스트레스가 쌓이면 금방 지쳐요. 지치면 금세 포기하기 마련이고요.

원 하 나　맞아요. 할 일은 너무 많고, 시간은 또 왜 그렇게 빨리 가는지 모르겠어요. 그래도 이왕 시작한 거, 도전해 보려고요.

까꾸루쌤　좋아요. 다만 완벽하게 하려고 강박을 갖지 마세요! 틀린다고 제가 혼을 내거나 무안을 주지도 않을 겁니다. 자, 한 달 동안 저와 영작문 공부하는 목적은 영어의 기초 체력을 키우는 거예요. 그러기 위해서 우리는 영어의 핵심 개념을 이해할 거예요. 영어의 핵심 개념을 이해하는 것은 '영어의 구조와 원리'를 이해하는 것이에요. 이게 한 달간의 우리의 목표예요. 외우려 하지 말고 완벽하게 하지 않기. 우선 전체적인 뼈대와 흐름을 이해하는 것이 우리의 목표입니다.

원 하 나　아직 쌤이 말씀하시는 의미가 정확하게 이해가 가지는 않지만 가벼운 마음으로 임해 보도록 할게요.

까꾸루쌤　네, 그 마음 좋아요. 가벼운 마음. 자, 그럼 저와 마인드 세팅을 위해 다시 외쳐 볼게요. 영어를 잘하려 하지 말자!

원 하 나 영어를 잘하려 하지 말자!

까꾸루쌤 영어는 자신감이 반이다!

원 하 나 영어는 자신감이 반이다!

까꾸루쌤 굿! 좋아요. 오늘 수업은 여기서 마치겠습니다.

원 하 나 엥? 영어 공부는 하나도 하지 않았는데요.

까꾸루쌤 처음부터 과식하면 탈나기 마련이에요. 영어 노하우를 익히기 이전에 우선 노하우를 훈련하기 위한 마인드를 다잡는 것이 중요해요. 오늘 수업은 이 정도면 충분합니다.

첫날부터 공부를 하지 않아서 괜찮은 건가 싶지만, 마음만큼은 영어를 향한 열정으로 가득 찬 하루였습니다. 까꾸루쌤 덕분에 희망을 안고 집으로 돌아갔지요.

영어는 '까꾸루' 생각해야 한다

까꾸루쌤 어머님, 안녕하세요. 오늘은 화사하게 입고 오셨네요.

원 하 나 감사합니다. 까꾸루쌤 만나고 나니 제 맘이 화사해져서 그런가 봐요.

까꾸루쌤 부광이도 잘 적응하고 있습니다. 아직 초등학생이고 공부를 열심히 해 본 적이 없는 것 같으니 차근차근 지도할게요.

원 하 나 네. 선생님만 믿고 맡길게요.

까꾸루쌤 아니요. 이제 본격적으로 영작문 노하우를 알려 드리면 어머님이 집에 가셔서 부광이에게 그 노하우를 전수해 주셔야 해요. 그렇게 해서 어머님은 복습이 되고 부광이는 어머님이 공부하는 모습을 보면서 공부 습관을 자연스럽게 잡아가는 거죠. 그 후에 우리 학원에서 영작문 노하우를 공부하면 부광이는 자연스럽게 복습을 하고 노하우가 익숙해지는 것입니다.

원 하 나　부담스럽지만 부광이를 위한 길이니 최선을 다해 볼게요.

까꾸루쌤　부광이를 위한 길이기도 하지만 우선 어머님 자신을 위한 길이에요.

원 하 나　나 자신을 위한 길….

까꾸루쌤　자, 그럼 오늘 수업을 본격적으로 해 볼까요?

원 하 나　네!

영어 이름은 왜 순서가 거꾸로일까?

까꾸루쌤　우선 노트에 한글로 성함을 적어 보시겠어요?

원 하 나　네? 원…하…나. 다 썼어요.

까꾸루쌤　굿. 잘하셨어요.

원 하 나　에이, 당연한 건데 잘할 것까지는요.

까꾸루쌤　이번에는 영어로 성함을 적어 보시겠어요?

원 하 나　Won Ha-Na. 이렇게 하이픈을 이용해서 적으면 되나요?

까꾸루쌤 그건 특별히 상관이 없는데 영어권에서는 성이 뒤로 가죠.

원하나 아… Ha-Na Won. 이렇게 되어야겠네요.

까꾸루쌤 이제 우리나라의 국력이 강해져서 영미권 언론에서도 우리 말 순서대로 성과 이름을 불러 주는 경우가 많이 생겼는데 영어식 표현은 이름에서 성 순으로 가죠.

원하나 맞아요. 전에는 김연아는 유나 킴, 박찬호는 찬호 팍, 박세리는 세리 팍 이랬던 거 같은데 손흥민은 그냥 손흥민 이렇게 중계하는 외국 방송들 본 것 같아요.

까꾸루쌤 이번에는 댁 주소를 좀 적어 보세요. 외국에 편지 보낸다 생각하시고 나라 이름부터요.

원하나 나라 이름부터 주소를요? 대한민국 ○○남도 ○○시 ○○동 11 ○○아파트 301동 502호.

까꾸루쌤 잘하셨어요. 그럼 주소를 영어로 적어 보시겠어요?

원하나 어… 'Republic of Korea ○○Namdo ○○Si ○○Dong 11 ○○apartment 301Dong 502Ho' 표기법이 맞나요?

까꾸루쌤 표기법이야 알아볼 수 있으면 되는 건데 사실 가장 중요한 부분이 틀렸어요.

원하나 가장 중요한 부분이요?

까꾸루쌤 네. 순서가 틀렸어요. 우리나라는 주소를 표기할 때 '나라-

도-시-구-동-상세주소' 순으로 쓰는 반면에 영어권 국가에서는 주소를 표기할 때 우리와는 정 반대로 '상세주소-동-구-시-도-나라' 순으로 적어요.

원하나 그런가요? 외국으로 편지 쓸 일이 없어서요.

까꾸루쌤 이름 표기하는 것과 같은 패턴이라 생각하면 돼요. 우리는 성-이름 순서로 표기하잖아요. 영어는 이름-성 순서고요. 성은 다른 말로 가족의 개념이니 큰 것이고, 이름은 다른 말로 개인의 개념이니 작은 것이죠.

원하나 말씀을 듣고 보니 그렇네요.

언어에는 사고방식이 담겨 있다

까꾸루쌤 동양인과 서양인의 사고방식에 근본적인 차이가 있어요. '동양인은 큰 것에서 작은 것' 순으로 생각을 하고 서양인은 '작은 것에서 큰 것' 순으로 생각을 해요.

원하나 네. 잘 생각해 보니 해외에서 직구할 때 외국의 주소 표기는 이런 식이었던 것 같아요. 관습적으로 당연하게 그러려니 했는데 문화권 사이에 그런 근본적인 사고방식의 차이가

반영되었던 것이군요.

까꾸루쌤 우리가 앞으로 익히게 될 영작문 노하우, 그리고 영어라는 언어 자체를 잘 이해하기 위해서는 바로 이 지점부터 확실하게 알고 넘어가야 해요. 동양인과 서양인의 사고방식은 '거꾸로'라는 사실을 말이죠. 그런데 거꾸로 하면 좀 입에 달라붙는 맛도 덜하고 임팩트가 없잖아요. 그래서 저는 '까꾸루'라고 표현합니다.

원하나 아~ 그래서 까꾸루쌤인 거예요?

까꾸루쌤 그런 의미도 있는데 2가지 이유가 더 있어요.

원하나 2가지가 더 있다고요?

까꾸루쌤 네. 나머지 이유는 곧 말씀드리도록 하겠습니다. 어머님, 영어의 순서는 서양인의 사고방식처럼 까꾸루라고 했잖아요. 그렇다면 말의 순서는 어떨까요?

원하나 생각하는 방식이 까꾸루이니까… 말의 순서도 까꾸루이겠네요?

까꾸루쌤 빙고! 그래서 우리가 영어 공부를 하고 영작문 노하우를 익힐 때는 우선 이것부터 확실히 이해하고 가야해요. '동양인과 서양인의 사고방식은 까꾸루이다' 그래서 '한국어와 영어의 순서는 까꾸루이다'라고 어머님도 이 부분 노트에 잘

적으세요.

원 하 나　동양인과 서양인의 사고방식은 까꾸루이다, 한국어와 영어의 순서는 까꾸루이다….

까꾸루쌤　영어를 그냥 언어와 문자로 생각하는 것에 앞서서 그들의 사고방식에 대해 알고 우리와의 차이를 알면 영어에 대해서 좀 더 깊은 이해를 할 수 있어요. 이해가 되면 암기도 쉽게 되고 오래 기억에 남을 수 있죠. 우선 오늘은 이 3가지만 기억하도록 하겠습니다. 자, 제가 정리한 걸 봐 주세요.

1. '동양인은 큰 것에서 작은 것' 순으로 생각하고 서양인은 '작은 것에서 큰 것' 순으로 생각한다.
2. 동양인과 서양인의 사고방식은 까꾸루이다.
3. 한국어와 영어의 순서는 까꾸루이다.

까꾸루쌤　우선 집에 가시면 이것부터 부광이에게 가르쳐 보세요.

원 하 나　네. 이건 어렵지 않을 것 같아요.

천방지축 아들도 좋아하는 거꾸로 원리

원하나 아들, 새로 다니는 영어학원은 좀 다닐만 해?

공부광 응. 썩 맘에 드는 건 아닌데 전 학원보다 스트레스 안 줘서 괜찮은 거 같아. 그건 왜?

원하나 요즘 엄마도 까꾸루쌤한테 영어 배우기 시작했거든.

공부광 엄마가 공부를?

원하나 엄마가 공부해서 아들한테 좀 알려 주려고. 이제부터 우리 같이 영어 공부하는 거야. 아들, 이리로 와서 앉아 봐. 한글로 이름 써 볼래?

공부광 영어 공부하자더니 갑자기 이름은 왜? 자, 공.부.광

원하나 그럼 영어로도 써 볼까?

공부광 이것도 쉽지~ Bu. Kang. Kon.

원하나 스펠링이 틀렸잖아! 다시 써 봐.

공부광 아냐. 맞아. 아빠한테 물어볼까?

원하나 휴, 말을 말자. 자, 잘 봐. 이 둘의 차이가 뭐야?

공부광 하나는 한글이고 하나는 영어지.

원하나 아니, 그거 말고 다른 점이 있잖아. 모르겠어?

공부광 왜 엄마는 맞춰도 뭐라 그래? 그냥 아빠한테 물어보자.

원하나 아니, 한글은 성이 먼저 나오고 이름이 오고 영어는 이름이 나오고 성이 나오잖아.

공부광 그건 당연한 거잖아. 이걸로 공부하자는 거야?

원하나 아냐. 이게 까꾸루쌤이 중요하다고 한 내용이야. '한국어와 영어는 순서가 까꾸루이다'.

공부광 엄마, 그런데 까꾸루가 뭐야?

원하나 거꾸로를 까꾸루쌤이 재미있게 말한 거야. 자, 따라해 봐. 한국어와 영어는 순서가 까꾸루이다!

공부광 한국어와 영어는 까꾸루다… 까꾸루… 공부 끝난 거지?

원하나 아직 안 끝났어. 이리 앉아.

공부하기 싫어하는 부광이와 씨름을 하고 있는데, 때마침 남편이

퇴근하고 돌아왔습니다.

공부장 여보, 나 왔어.

공부광 까꾸루! 까꾸루!

공부장 뭐야? 부광이는 뭐라면서 정신 사납게 다니는 거야?

원하나 아냐. 내가 영어 공부 좀 시켰더니 머리에 집어넣는다고 그런가 봐.

공부장 까꾸루, 까꾸루 그러는 거 같은데 영어가 아니잖아.

원하나 한국어와 영어는 순서가 거꾸로라고 가르쳤더니 그런 거야. 일단 기본부터 알려 주는 거야.

공부장 뭐야. 본인이 학원에서 배워서 직접 가르치겠다고 그러더니 기껏 배워온 게 순서가 반대라는 거야?

원하나 동양인하고 서양인의 사고방식이 정 반대라는 것을 가르치다가 그런 거야.

공부장 나 참. 그걸 안다고 성적이 오르겠어? 무슨 바람이 불어서 학교 때도 안 하던 공부를 한다고 그러나 했다.

원하나 뭐야. 또 나 무시하는 거야? 그래… 그 잘난 머리로 오늘 저녁도 과학적이고 합리적으로 직접 잘 해 드세요.

영어에서 가장 중요한 것은 자리

어제 남편과의 작은 다툼 때문에 기분이 별로 좋지 않았습니다. 기운 없이 터덜터덜 학원으로 들어갔지요. 까꾸루쌤은 그런 저를 보며 왜 그런지 알겠다는 듯 고개를 끄덕이며 맞아줍니다.

원하나 까꾸루쌤, 안녕하세요.

까꾸루쌤 어머님, 왜 이렇게 풀이 죽어 있으세요? 수업하기 전에 커피 한 잔 하면서 우선 릴렉스할까요?

원하나 네… 그래요.

까꾸루쌤 저번 수업 내용 부광이한테 가르쳐 보셨어요?

원하나 선생님이 알려 준대로 이름 써 보라고 하면서 한국어와 영어 순서가 거꾸로라고 하니까 "까꾸루, 까꾸루" 하면서 떠들고 다니더라고요. 그걸 본 남편이 한심하다는 듯 쳐다보고… 너무 속상했어요. 제가 계속 가르칠 수 있을까요?

까꾸루쌤 그럼요. 너무 너무 잘 하셨어요. 저번 시간에 말씀 드렸듯이 시작도 안 한 어머니들이 대다수라니까요. 어머님은 상위 10퍼센트 안에 드는 분이에요. 앞으로 계속 잘하실 거고 분명 부광이도 점점 좋아지리라고 저는 확신합니다.

원 하 나 저 위로하려고 좋은 이야기만 하시는 거 아닌가요?

까꾸루쌤 아니에요. 아까 부광이가 '까꾸루' 하면서 다닌다고 했잖아요. 그게 제가 의도한 거예요. 아직은 부광이가 공부에 흥미가 없기 때문에 한국어와 영어의 순서가 거꾸로라는 것을 이렇게 심는 것으로도 시작은 성공적입니다.

원 하 나 그런가요? 정말 다행이네요.

까꾸루쌤 너무 잘하고 계세요. 오늘도 파이팅 하시자고요.

원 하 나 네, 힘내 볼게요.

까꾸루쌤 오늘도 아주 어려운 내용은 아니에요.

원 하 나 다행이에요. 제가 이해하는 것을 넘어서 천방지축인 부광이를 가르치려니 아직은 쉬운 것부터 배워야 할 것 같아요.

'거시기가 거시기하다'를 영어로 하면?

까꾸루쌤 자, 그럼 오늘 수업 시작해 볼까요. 혹시 〈황산벌〉이라는 영화 보셨나요?

원하나 봤어요. 고구려, 백제, 신라 시대를 배경으로 한 코미디 영화잖아요.

까꾸루쌤 그 영화 보면 백제 병사들이 "거시기"라는 표현 많이 쓰잖아요. 기억 나시죠?

원하나 맞아요. "거시기, 거시기" 하는데 백제 사람들은 척척 잘 알아듣더라고요.

까꾸루쌤 실제로 호남지역에서는 아직도 "거시기"라는 표현이 많이 쓰이고 있어요. 어떤 국문학자는 거시기에 대해서 이렇게 설명했어요. "웬만한 상황에서는 다 쓰일 수 있는 무소불위의 단어이다"라고 말이죠. 요즘 애들 말로 하면 거의 모든 상황에서 쓰일 수 있는 '치트키'라 표현할 수 있겠네요. 그럼 여기서 질문. "저 거시기가 거시기 한다니까 거시기해라"를 영작하면 어떻게 될까요?

원하나 거시기가 거시기해서 거시기에게… 질문이 뭐라고요?

까꾸루쌤 'That that that' 이 정도가 되지 않을까요? 그런데 이런 영어 문장 보신 적 있으세요?

원 하 나 에이, 이런 문장이 어딨어요.

까꾸루쌤 맞아요. 이런 문장도 표현도 존재할 수 없겠죠. 제가 갑자기 이 이야기를 꺼낸 이유는 영어는 '핵심 프레임'이 있는 언어라는 이야기를 하고 싶어서예요.

원 하 나 영어의 핵심 프레임이요?

까꾸루쌤 네. 영어를 접하면 항상 보는 것이지만 구체적으로 생각해 보지 않은 부분이죠. 영어의 구조와 원리를 이해하기 위해서는 우선 이 첫걸음을 딛는 것이 중요해요.

원 하 나 어려운 내용인가요?

언어는 그 언어권의 사고 체계의 산물

까꾸루쌤 항상 접하는 부분이니 어려운 내용은 아닙니다. 영어의 핵심 프레임을 이야기하기 전에 우선 지난 시간과 마찬가지로 동양인과 서양인의 사고방식의 차이를 알아야 해요.

원 하 나 영작문 시간에 사고방식 차이 이야기를 많이 하시네요. 영어 시간인지 심리학 시간인지 헷갈리겠어요.

까꾸루쌤 어제도 말씀드렸지만 언어는 단순히 소통의 수단이 아니에요. 해당 언어권의 사고의 체계이고 문화가 압축된 산물이죠. 때문에 사고방식이 언어의 패턴에 영향을 미칠 수밖에 없어요. 동양인과 서양인의 사고방식의 차이가 뭐였죠?

원 하 나 동양인과 서양인의 사고방식이 까꾸루이다?

까꾸루쌤 맞아요. 그래서 한국어와 영어의 어순이 까꾸루라고 했죠. 또 동양인과 서양인의 사고방식이 까꾸루인 게 뭐가 있을까요? 힌트는 네 글자 단어예요. 뭘까요?

원 하 나 음… 전체주의와 개인주의?

까꾸루쌤 빙고! 그런 맥락이 가장 대표적인 차이이죠. 서양은 개인을 독립적이고 개별적인 존재로 바라본다면 동양은 인간을 사회적이고 상호의존적 존재로 바라보죠. 그리고 서양인들은 세상을 분석적이고 원자론적 시각으로 바라보는 반면에 동양인들은 세상을 종합적으로 이해를 해요. 이런 사고방식의 차이는 한국어와 영어의 패턴에 차이를 가지고 와요.

원 하 나 그래요? 그 차이가 무엇일까요?

까꾸루쌤 바로 한국어는 '맥락적 언어'이고 영어는 '명료한 언어'예요. 뭐, 학계에서 공식적으로 쓰이는 말은 아니고 저의 언어로 표현한 거예요.

원 하 나 맥락적 언어? 명료한 언어?

까꾸루쌤 예를 하나 들어 볼게요. 우리가 일상에서 자주 쓰는 표현인데 이거 한번 영작해 볼까요? 정말 단순한 문장이에요. '갈까?'라는 문장을 영어로 어떻게 말할까요?

원 하 나 음… Go?

까꾸루쌤 맞는 거 같아요? 스스로 생각해도 웃기지 않나요?

원 하 나 호호. 민망하네요.

까꾸루쌤 이게 아까 말한 '거시기'와 일맥상통하는 이야기예요. 동양인의 사고는 사회적이고 종합적이다 보니 구체적인 주체와 상황을 명시하지 않아도 맥락으로 이해를 하고 소통이 가능해요.

원 하 나 아~ 듣고 보니 무슨 말인지 알 것 같아요.

까꾸루쌤 그런데 '갈까?' 이런 식으로 앞뒤 생략된 형태는 영어에서 맞지 않는 표현이에요. 영어는 명료하게 표현을 해야 하는 언어이죠. 그래서 '갈까?'라는 문장은 일단 주체와 목적지 등을 표현하고 영작해야 해요. '우리 지금 학교에 갈까?' 이런 식으로요. 이제야 영작이 가능하겠네요. 'Do we go to school now?' 대략 이 정도의 표현이 적합할 것 같습니다. '갈까?'와 'Do we go to school now?' 이 차이 느껴지시죠?

한번 설명해 보시겠어요?

원하나 한국어는 동사 하나로 문장이 완성되는 반면에 영어는 주어, 동사 그리고 수식어가 구체적으로 다 나와 있네요.

영어 문장의 주인은 주어와 동사

까꾸루쌤 동서양의 사고방식 차이와 그에 따른 언어로 표현되는 극단적인 예를 들었는데 어쨌건 한국어는 맥락적인 언어이고 영어는 명료하고 분석적인 언어입니다. 그래서 영어는 핵심 프레임을 갖추고 있는 언어죠. 영어의 핵심 프레임은 분명한 주체와 행동이 반드시 표현이 되어야 한다는 거예요. 우리는 이걸 학교에서 이미 배웠습니다. 그게 뭘까요?

원하나 음… 주어와 동사?

까꾸루쌤 맞습니다. 영어에서 주어+동사는 쌍으로 붙어 다니는 척추와 같은 거예요. 가장 단순하고 기본적인 것인데 우리의 사고방식과는 다른 언어의 패턴이라는 것을 분명하게 인식을 하고 시작해야 우리는 한 달 동안 영어의 구조와 원리를 제대로 이해하고 갈 수 있어요. 그리고 분명한 주체와 행동,

즉 주어+동사라는 핵심 프레임에 상황이나 상태, 부가적인 요소들을 명료하게 표현을 해야 해요. 전체적인 맥락으로 이해하고 넘어가는 우리말과는 차이가 있죠.

원하나 아~ 그래서 영어에서 주어와 동사는 늘 붙어 다니는군요.

까꾸루쌤 네. 그리고 영어 문장의 주인은 주어가 아니라 동사예요. 앞으로 연습하면서 계속 경험하겠지만 하나의 영어 문장에서 핵심 프레임 안에 있는 주어+동사의 동사가 문장의 주인이고 또 다른 동사들이 등장할 때 이 동사를 주인이 아닌 동사로 구분을 하고 변형을 하는 것이 중요합니다.

원하나 맞아요. 학교 다닐 때 문장 안에 동사들이 많아서 정말 짜증났던 기억이 나요.

까꾸루쌤 요즘 학생들도 이것을 참 어려워해요.

원하나 네. 당연히 그럴 것 같아요.

까꾸루쌤 그리고 중요한 점은 이 핵심 프레임인 주어+동사의 전제를 깔고 가야 어머님이 Be동사에 대해서 더 잘 이해할 수 있어요. 이 부분은 다음에 자세하게 이야기 하도록 하죠.

원하나 전 그것까지는 별로 이해하고 싶은 마음이 없는데….

까꾸루쌤 어머님이 암기 위주의 학습을 했기 때문에 그동안 영어가 더 어렵게 느껴졌던 거예요. 우리가 하는 수업은 시험도 없고 점수도 없잖아요. 부담 없이 이해할 것은 잘 이해하고 넘어가면 영어가 재미있어질 수 있어요.

원 하 나 시험이 없다니까 마음이 편해지네요.

까꾸루쌤 오늘 배운 내용도 부광이에게 잘 설명해 주실 수 있겠어요?

원 하 나 부광이가 이해를 잘할지 벌써 한숨이 나와요.

까꾸루쌤 처음부터 잘할 수는 없어요. 그리고 처음부터 부광이에게 100퍼센트 이해시킬 필요도 없어요. 나중에 저에게 부광이가 학원에서 배우면 이해도가 높아지겠죠. 집에 가서 직접 가르쳐 보라고 하는 목적은 우선 어머님이 가르치면서 더 잘 배우게 되는 것이고요. 거기에 부광이가 영어의 구조와 원리에 대한 느낌만 알아도 큰 성공입니다.

영어는 친절한 언어이다

부광이한테 오늘 수업을 설명을 하긴 해야겠는데 벌써 막막합니다. 그래도 일단 죽이 되든 밥이 되든 한번 해 보기로 합니다.

원하나 아들. 오늘도 엄마랑 영어 공부 좀 할까?

공부광 아이참, 귀찮게 왜 그래. 엄마 영어학원 꼭 가야 해?

원하나 우리 오늘 조금만 같이 공부하자.

공부광 그럼 10분만 할래.

원하나 알았어. 대신 10분 동안 집중해야 해.

공부광 빨리 시작하자. 10분 후딱 끝내고 게임하러 갈 거야.

원하나 'Go?' 이거 한번 해석해 볼까?

공부광 '가다?', 맞지?

원하나 응. 맞는 거 같은데 혹시 이런 문장 본 적 있어?

공부광 뭐 어디 잘 찾아보면 있겠지.

원하나 그래, 그럴 수 있겠다.

우리 아들… 말이라도 못하면 얄밉지는 않을 거 같습니다.

공부광 끝난 거야?

원하나 아니. 그럼 '갈까?'를 영어로 말해 볼까?

공부광 Go? 이거 맞지?

원하나 아까는 Go? 하면 '가다?' 라면서. 이상하지 않아?

공부광 엄마 말 들어보니까 이상하긴 이상하네.

원하나 '갈까?', 부광이는 이렇게 주로 말할 때가 언제야?

공부광 친구랑 PC방 가자고 할 때?

원하나 그럼 이런 상황에서 미국 어린이들도 'Go?' 이럴까?

공부광 에이 참, 엄마! 영어에서는 의문문으로 물어봐야지. 'Do you go?' 이런 식으로.

원하나 그렇지. 아마도 부광이가 같이 PC방 가자고 미국인 친구한테 영어로 말할 때는 'Do we go to PC cafe?' 이 정도로 말할 거야.

공부광 아마 그러겠지.

원하나 우리나라 사람들은 참 똑똑한 거 같아. '갈까?' 하고 물어 보면 찰떡같이 알아서 PC방에 가자는 걸로 알아듣고.

공부광 한국인이 세계에서 IQ가 제일 높대.

원하나 맞아. 우리 부광이도 아직 공부를 열심히 안 해서 그렇지 머리가 좋아서 하면 잘할 거야?

공부광 아니, 난 아빠 닮지 않아서 안 그럴 것 같은데.

자기가 노력하지 않는 점은 인정하지 않고 항상 엄마 닮아서 공부 못한다는 핑계를 댈 때마다 제 속은 부글거립니다. 그래도 심호흡을 하고 수업을 계속했습니다.

원하나 어쨌거나 미국 사람들은 'Do we go to PC cafe?' 같이 말할 때 주어하고 동사 이런 걸 다 말해 줘야 된대.

공부광 그렇구나. 너무 당연해서 생각 안 했는데 엄마 말 듣고 보니 그렇네.

원하나 그럼 지구 말 하나도 못하는 화성인이 말을 배우면 영어가 더 쉬울까, 한국말이 더 쉬울까?

가
나다
A
B C

공부광 음. 영어가 더 쉬울 것 같아. 하나하나 친절하게 붙여서 말해 주잖아.

원하나 와~ 엄마 생각도 그래. 화성인이 배울 때 한국말은 헷갈릴 것 같아.

공부광 엄마. 영어 공부하자고 하더니 왜 이렇게 쓸데없는 이야기만 하는 거야? 약속한 10분 지났어.

원하나 응. 우리 아들 잘했어. 이제 가서 게임하러 가.

공부광 이따 딴 말하기 없기!

아직은 어려울 것 같아 '영어는 핵심 프레임이 있는 언어다', '동사가 주인이다' 이런 걸 가르치지는 못했지만 이번 수업에서 배운 한국어와 영어의 차이를 아이 수준에 맞게 잘 가르쳤다는 생각이 들었습니다. 화성인 예를 든 건 제가 생각해도 정말 적절한 것 같아 기분이 좋네요.

까꾸루쌤의 특급 비밀

거꾸로 생각해야 풀린다

원! 영어는 우리말과 거꾸로다!

① 이름 표기

우리나라는 '성→이름' 원 하나. 영어는 '이름→성'으로 하나 원. 그러나 요즘은 우리나라식 표현으로 쓰기도 한다.

· Won Ha-Na

· Ha-Na Won

② 주소 표기

우리나라는 '나라-도-시-구-동-상세주소' 순으로 쓰고, 영어는 '상세주소-동-구-시-도-나라' 순으로 적는다.

· 대한민국 ○○남도 ○○시 ○○동 11 ○○아파트 301동 502호

· ○○apartment 301Dong 502Ho, ○○-Dong 11, ○○Si, ○○Namdo,

Republic of Korea

투! 우리말은 동사 하나로 상황에 따라 충분하게 문장이 완성되는 반면에, 영어는 주어, 동사 그리고 수식어가 구체적으로 다 나온다.

· 갈까? Go? → (X)

· 우리 지금 학교에 갈까? Do we go to school now?

쓰리! 한국어는 맥락적인 언어이고, 영어는 명료하고 분석적인 언어이다. 전체적인 맥락으로 이해가 가능한 한국어와는 달리 영어 문장에는 분명한 주체와 행동이 표현되어야 한다.

· Do we go to school now? 우리 지금 학교에 갈까?
(we: 주체, school: 목적지)

· Shall we go to the park tomorrow? 우리 내일 공원에 갈까?
(we: 주체, park: 목적지)

서방예의지국 영어의 예의범절 자리 지키기

로미오는 줄리엣을 '무엇'하나

지난 수업 내용을 부광이에게 잘 설명했다는 마음에 학원으로 향하는 발걸음이 가벼웠습니다. 학원에 도착하자마자 부광이에게 어떻게 설명했는지 자랑하고 싶어서 까꾸루쌤에게 상세하게 이야기했습니다.

까꾸루쌤 굿 잡. 너무 잘하셨어요. 어차피 지금 부광이 수준에서는 프레임이 어쩌고 해 봤자 알아듣지도 못하고 흥미만 떨어질 수 있어요. 그 느낌의 차이를 알게 한 것만으로도 지금은 목적 달성입니다. 어차피 자세한 부분은 제가 학원에서 잘 가르칠 거고 그러면 부광이는 자연스럽게 복습이 되겠죠.

원하나 잘 됐네요. 부광이가 이해하는 게 눈에 보이니까 가르치는 게 재미있더라고요.

까꾸루쌤 근데, 화성인 비유 너무 좋았어요. 저도 나중에 써먹어야겠는데요. 벌써 영어고수가 되신 것 같아요.

원하나 호호. 몰랐는데 제가 가르치는 데에 소질이 있나 봐요.

까꾸루쌤 맞아요, 차근차근 잘하고 계세요. 오늘은 영어 한 문장, 우리말 한 문장으로 영작문 수업을 하고 마칠 거예요. 우선 한국어의 어순과 영어의 어순을 설명해 보시겠어요?

원하나 한국어와 영어의 어순은 반대라고 배웠잖아요.

까꾸루쌤 네, 맞는데요. 제 의도는 대표적으로 주어, 동사, 목적어 세 개 문장성분의 순서를 여쭈어 보는 거예요.

원하나 음… 우리말은 주어-목적어-동사의 순서예요. 영어는 주어-동사-목적어의 순서예요. 그래서 우리말은 끝까지 들어 봐야 한다는 말이 있죠.

까꾸루쌤 맞아요! 영어는 주어(S) 동사(V) 목적어(O) 순이죠. 그래서 학교 다닐 때 이렇게 많이 표현했잖아요. 한글은 S-O-V 순서. 영어는 S-V-O 순서.

원하나 맞아요.

까꾸루쌤 그럼 오늘은 이 문장만 영작해 보죠. '로미오는 줄리엣을 사랑한다' 자, 오늘은 한 문장만 보고 끝낼 거예요. 쉽죠? 한번 해 봅시다.

원 하 나 'Romeo loves Juliet.'

까꾸루쌤 어렵지 않죠? 학교에서 정규 교육을 받은 분은 이 정도 영작은 할 수 있으실 거예요. '로미오는 줄리엣을 사랑한다'는 주어-목적어-동사, S-O-V 순서가 맞고 'Romeo loves Juliet' 도 주어-동사-목적어, S-V-O 순서 맞네요.

원 하 나 너무 쉬운데요. 설마 이렇게 수업 끝인가요?

까꾸루쌤 아니요. 이 문장들을 순서를 좀 뒤죽박죽 바꿔볼 거예요. 자, 보세요. '로미오'를 동사 바로 앞으로 위치를 바꾸어 볼게요.

까꾸루쌤은 칠판에 '줄리엣을 로미오는 사랑한다'라고 크게 적었습니다.

까꾸루쌤 자, 이제 이 문장의 주어는 무엇일까요?

원 하 나 줄리엣?

까꾸루쌤 줄리엣이 이 문장의 주어인가요?

원 하 나 주어가 가장 앞에 나오니까 줄리엣이 주어겠죠.

까꾸루쌤 그렇군요. 한국어는 주어-목적어-동사 순이니까 '줄리엣을 로미오는 사랑한다'에서 주어는 줄리엣이겠네요. 그런데 진짜 줄리엣이 주어 맞나요?

원하나 맞지 않나요?

까꾸루쌤 그럼 '사랑한다 로미오는 줄리엣을' 이 문장하고 '사랑한다 줄리엣을 로미오는' 이 문장들의 주어는 무엇인가요?

원하나 글쎄요….

까꾸루쌤 정답은 '로미오는 줄리엣을 사랑한다'에서도 주어가 로미오이고, '줄리엣을 로미오는 사랑한다'도 주어가 로미오이고 '사랑한다 로미오는 줄리엣을'에서도 주어는 로미오입니다. '사랑한다 줄리엣을 로미오는'에서도 주어가 로미오에요. 왜 그럴까요?

원하나 로미오 뒤에 '는'이 붙어서 그런 거 아닐까요?

까꾸루쌤 좀 전에는 '줄리엣을 로미오는 사랑한다'에서 줄리엣이 주어라면서요. 어딘가 이상하죠?

원하나 그게… 아우, 갑자기 머리가 너무 복잡하네요.

까꾸루쌤 자, 그렇다면 이번에는 이런 식의 연습을 영어 문장으로 같이 생각해 볼게요. 'Romeo loves Juliet'에서 주어는 무엇일까요?

주어
동사
목적어
Romeo
loves
Juliet

원하나 Romeo요.

까꾸루쌤 쉽죠? 그럼 아까 한국어로 연습한 것처럼 Juliet 뒤로 Romeo를 빼 볼게요. 'Loves Juliet Romeo' 자, 이 문장의 주어는 무엇일까요?

원하나 Loves? Juliet? Romeo? 잘 모르겠어요.

까꾸루쌤 그럼 'Romeo loves Juliet'에서 Romeo와 Juliet의 순서를 바꿔 볼게요. 'Juliet loves Romeo'라는 문장의 주어는 무엇인가요?

원하나 Juliet이요.

까꾸루쌤 목적어는요?

원하나 Romeo요.

영어는 단어의 순서가 바뀌면 문장성분이 바뀐다

까꾸루쌤 자, '로미오는 줄리엣을 사랑한다', 'Romeo loves Juliet'라는 같은 뜻의 한국어, 영어 문장으로 단어의 순서를 바꾸어 봤는데 뭔가 차이가 있었죠? 혹시 그 차이를 설명하실 수 있나요?

원하나 한국어는 단어의 순서가 바뀌어도 주어, 목적어, 동사가 그대로인데 영어는 단어의 순서가 바뀌면 주어, 목적어가 바뀌네요.

까꾸루쌤 네, 맥락을 잘 이해하고 계시네요. 구체적으로 설명을 드리면 한국어는 기본 어순이 주어-목적어-동사 순인데 단어의 순서가 바뀌어도 주어-목적어-동사의 문장성분이 바뀌지 않아요.

원하나 문장성분이요? 그건 왜 그럴까요?

까꾸루쌤 한국어는 문장성분을 결정짓는 요인이 단어의 어순이 아닌 단어 뒤에 붙는 조사, 즉 토씨이기 때문이에요. 주어 뒤에는 '은, 는, 이, 가'의 토씨가 붙고 목적어 뒤에는 '을, 를'의 토씨가 붙죠. 이런 단어 뒤에 붙는 토씨가 문장성분을 결정해요. 때문에 '줄리엣을 사랑한다 로미오는'이라는 문장은 문법적으로 틀린 어순이기 때문에 어색할 수는 있지만 토씨를 보고 주어, 동사, 목적어가 무엇인지 정확하게 분별을 할 수 있고 서로 소통이 가능합니다. 여기까지 이해 가시나요?

원하나 음~ 알 것 같아요.

까꾸루쌤 반면 영어는 토씨가 없죠. 'Romeo loves Juliet'에서 Romeo와 Juliet 두 단어의 위치를 서로 바꾸어 'Juliet loves Romeo'

가 되면 단어는 그대로인데 단어의 위치가 바뀌면서 문장 성분도 주어에서 목적어로, 목적어에서 주어로 바뀌게 됩니다. 'Loves Juliet Romeo' 이런 문장은 문장성분을 알 수 없는 그냥 단어의 나열일 뿐이지요. 영어는 토씨가 없기 때문에 문장성분을 결정짓는 요인이 그 단어의 위치입니다. 정리해 볼까요? 한국어는 토씨가 문장성분을 구성한다! 영어는 위치가 문장성분을 결정한다!

원하나 와, 10년 넘게 영어 공부를 했는데 이런 식으로 생각해 본 적은 없네요. 학생 때 문장의 5형식이라 해서 억지로 외운 기억은 있는데 이게 더 단순하고 본질적인 접근 같아요.

까꾸루쌤 네. 그래서 제가 영어의 개념을 이해하면 보는 눈이 달라진다고 했잖아요. 영어의 핵심은 바로 이 위치를 정확하게 이해하는 거예요. 그리고 우리는 앞으로 이 영어의 위치를 '자리'라고 부르겠습니다. 우리가 한 달 동안 공부할 수업의 핵심은 바로 이 자리를 통해 문장의 구조와 원리를 이해하는 거예요. 영어에서 이 자리의 개념만 정확하게 이해하면 영어 공부 절반은 끝난 거예요.

원하나 그래요? 갑자기 자신감이 생기는데요?

까꾸루쌤 어머님, 제가 나무에 비유를 했었죠? 영어라는 나무에서는 자리가 기둥이에요. 이 개념만 확실하게 잡으면 영어의 기초 체력을 한 달 만에 기르는 거예요.

원하나 벌써 영어에 대해서 새로운 눈이 뜨이는 느낌이에요. 왜 이런 생각을 한 번도 못했을까요?

까꾸루쌤 네. 아마 어느 곳에서도 들어본 적 없는 내용일 거예요. 자, 같이 말해 볼까요? '영어의 핵심 개념은 자리이다! 영어는 자리가 문장성분을 결정한다!'

원하나 영어의 핵심개념은 자리이다! 영어는 자리가 문장성분을 결정한다!

까꾸루쌤 어렵지 않죠?

원하나 네. 오늘 배운 것도 부광이에게 잘 가르쳐 봐야겠어요.

주어 칸, 동사 칸, 목적어 칸

까꾸루쌤 어머님, 지난 시간에 배운 영어 자리의 개념은 부광이에게 잘 가르치셨나요?

원 하 나 쌤, 망했어요. 설명했는데 애가 이해를 못해요. 영어도 영어인데 한국어의 토씨라는 개념 자체가 어렵나 봐요. 요즘 애들은 영어보다 한국어가 더 문제가 아닌가 싶어요.

까꾸루쌤 네. 영상 콘텐츠가 발달하다 보니 점점 책도 잘 안 읽고 아이들의 문해력이 떨어지는 것이 현실이죠. 문해력이 떨어진다는 건 국어 능력이 떨어진다는 걸 말해요.

원 하 나 그럼 영어 자리의 개념을 어떻게 가르칠까요? 아직은 힘들겠죠?

까꾸루쌤 토씨, 자리 이런 단어를 이해 못해도 그 원리가 작동하는 메커니즘만 느낌으로 알 수 있게 만들면 괜찮습니다.

원 하 나 맞는 말이긴 한데요. 하는 말 자체를 이해 못하는데 어떻게 느낌을 줘요?

영어의 문장성분은 자리로 결정된다

까꾸루쌤 아이들 눈높이에 맞추어서 비유적으로 알려 주면 됩니다.

원 하 나 어떻게요? 전 전혀 감을 못 잡겠어요.

까꾸루쌤 음… 저라면 이렇게 알려 줄 것 같아요. 자, 따라 해 보세요. "한국어는 옷이고 영어는 기차 칸이다."

원 하 나 한국어는 옷이고 영어는 기차 칸이다?

까꾸루쌤 좀 감이 잡히세요?

원 하 나 아뇨. 너무 뜬금없어서 무슨 말인지 하나도 모르겠어요. 옷? 기차 칸?

까꾸루쌤 자, 한국어는 문장성분을 구성하는 것이 토씨라고 했잖아요. 그 토씨가 옷이에요. 주격 토씨, 서술격 토씨, 목적격 토씨 등등 많은 토씨가 있죠. 만약 부광이가 '은, 는, 이, 가'의 옷을 입으면 주어가 되는 것이고 '을, 를'이라는 옷을 입으면 목적어가 되는 거죠. 한국어는 사람이 어떤 토씨의 옷을 입는 것에 따라 문장성분이 결정된다는 감을 익히게 하는 거예요.

원 하 나 와… 이렇게 설명하면 문법적인 지식이 없어도 이해가 쏙쏙 되겠어요. 그럼 영어는 기차 칸이라는 말은 뭔가요?

까꾸루쌤 저번 시간에 영어는 자리가 문장성분을 결정한다고 배웠잖아요. 기억나시죠?

원 하 나 그럼요. 지난 시간 핵심 내용인데요.

까꾸루쌤 아직 어리거나 언어에 대한 이해력이 부족한 학생들에게는 영어의 자리를 기차 칸에 비유해서 알려 주는 거예요. 부광이에게 이렇게 설명해 보세요.

원 하 나 네. 저 지금 완전 집중하고 있어요.

까꾸루쌤 기차에 '주어 칸'이 있고 '동사 칸' 그 다음에는 '목적어 칸'이 있는 거예요. 한국어는 토씨의 옷을 갈아입으면서 문장성분이 바뀌었다면 영어는 옷은 그대로인데 부광이가 주어 칸에 가면 주어가 되고 목적어 칸에 가면 목적어가 되는 거죠. 이렇게 아이의 눈높이에 맞추어서 비유하면 부광이도 이해할 수 있지 않을까요?

원 하 나 와, 저도 머리에 쏙쏙 들어오네요. 까꾸루쌤의 정신연령이 초등학생 수준이 아닌지 의심이 되는데요. 어떻게 이런 생각을 하실 수 있죠?

까꾸루쌤 뭐… 아이들을 많이 지도하다 보니 소소한 노하우들이 자연스럽게 쌓이는 것 같습니다. 자, 그럼 오늘은 수업을 따로 하지 않을 테니 숙제가 있어요. 부광이에게 비유를 사용해서 한국어와 영어의 문장성분과 구성이 어떤 차이가 있는지 다시 알려 주는 거예요.

원 하 나 네. 이렇게 하면 부광이도 이해할 수 있을 것 같아요. 이번에는 최선을 다해서 알려 줘야겠어요.

독해 잘하는 아이는 거꾸로 하는 아이

부광이에게 영어의 자리 개념을 알려 주기 위해서 남편의 낡은 셔츠를 꺼냈습니다. 하얀색 셔츠에 한국어의 주격 토씨 '은, 는, 이, 가', 목적격 토씨 '을, 를', 서술격 토씨 '~다, ~이다'를 매직펜으로 적고 있는데 하필이면 남편이 평소보다 일찍 퇴근을 했습니다.

공 부 장 자기, 나 왔어. 아니, 지금 말짱한 옷에 뭐하는 거야?

우리 남편은 엄격한 집안에서 성장해서 짠돌이입니다. 사실 지금 적고 있는 옷도 말짱한 게 아니라 다른 집 같았으면 벌써 버리거나 걸레로 변해 있을 옷입니다.

원하나 응. 우리 부광이 영어 공부 가르칠 때 쓰려고. 문장성분에 대해서 알려 주려는 거야.

공부장 '은, 는, 이, 가'가 영어야? 한글의 조사잖아. 그리고 아직 십 년은 더 입을 수 있는 옷에 뭐 하는 거야.

원하나 한국어랑 비교하면서 가르치는 거야. 난 따로 학원에서 배우면서 나름 열심히 가르치려 하는데 왜 당신은 빈정거리기만 하는 거야?

공부장 그냥 곱게 좋은 학원에 보내. 1:1 과외라도 시켜 볼까?

원하나 천방지축 아들 둘 서울대 의대 보낸 공희 언니가 추천해 준 학원이랑 방법이란 말이야. 그리고 나도 집에만 있는 것보다 가끔 학원에 가서 공부하는 재미도 생겼어. 돈 걱정은 말어. 부광이 학원비만 받고 난 공짜로 배우는 거니깐.

공부장 뭐야. 공부는 핑계고 혹시 당신….

원하나 어머, 무슨 생각하는 거야? 그런 거 아니야. 그렇게 의심스러우면 토요일에 같이 학원에 가 보든가. 이제 하다하다 이상한 의심까지 하네.

공부장 응. 이상해. 평생 안 하던 공부를 한다고 하질 않나. 그래, 주말에 가 보자고. 뭔 속인지 내가 직접 확인해 봐야겠어.

요즘 정말 속이 상합니다. 아들 잘 키워보려고 열심히 배우고 있는데, 의심까지 받다니. 마침 까꾸루쌤의 학원은 주말반도 운영하니 이 남편인지 남의편인지 헷갈리는 화상과 함께 같이 가 보기로 했습니다.

까꾸루쌤 어머님, 안녕하세요. 옆에 분은 부광이 아버님이신가요?

공 부 장 안녕하세요. 제가 부광이 아빠입니다.

까꾸루쌤 아, 어머님께 말씀 들었습니다. 아버님이 공부를 아주 잘하셨다고….

공 부 장 네. 서울대학교 경영학과 졸업했습니다. 고향은 이 동네 부근이고요.

까꾸루쌤 그런데 아버님까지 무슨 일로 오셨죠? 어머님, 오늘은 수업받는 날이 아닌데요.

원 하 나 이 사람이 제가 공부해서 부광이 가르친다는 게 못 미덥다고 선생님을 직접 만나 보겠다며 굳이 이렇게 같이 왔네요.

까꾸루쌤 네. 충분히 이해합니다. 아버님 입장에서는 믿음이 안 갈 수 있을 겁니다.

공 부 장 제가 이 사람 험담하려는 건 아니고 평생 공부를 안 하던 사람이 아이를 가르친다고 하니 답답해서요.

까꾸루쌤 그럼요. 그럴 수 있죠. 그러면 아버님께서 직접 가르쳐 보시지 그러세요.

공 부 장 저는 회사 생활도 바쁘고 우리 가족 먹여 살리는 게 가장 첫 번째 아닐까 합니다.

까꾸루쌤 그럼요. 가장의 어깨는 항상 무거운 법이죠. 그런데 아버님, 현재 상황에서 아버님이 부광이에게 영어를 가르치는 것과 어머님이 저에게 배워서 영어를 가르치는 것 중에 부광이 입장에서는 어느 분에게 배우는 것이 더 잘 맞을까요?

공 부 장 글쎄요.

까꾸루쌤 아버님은 평생 공부를 잘했기 때문에 부광이의 상황이나 심리를 이해하기 힘드실 거예요. 본인 입장에서는 당연한 건데 그런 걸 못하니까 답답하고 결국 화도 내고 그러실 겁니다.

공 부 장 사실 제가 직접 가르치고 싶지 않은 큰 이유 중 하나입니다.

까꾸루쌤 사실 지도법만 올바르고 가르치는 내용에 오류가 없다면 왕초보를 가장 잘 가르칠 수 있는 사람은 초보예요. 왕초보의 눈높이에 맞추어서 가르칠 수 있기 때문이죠.

공 부 장 지도법 이야기가 나와서 말씀인데 그 부분도 사실 저는 이해가 잘 가지 않습니다. 아내 말로는 영작문을 가르칠 거라 하는데 문법도 제대로 못하는 아이에게 무슨 영작문을 가르치나요? 제 상식으로는 도저히 이해가 가지 않습니다.

까꾸루쌤 그렇다면 부광이가 다른 잘하는 학생들을 어떻게 쫓아갈 수 있을까요? 기존의 상식에서 벗어난, 뭔가 혁신적인 방법을 연구해야 빨리 쫓아갈 확률이 높지 않을까요?

공 부 장 말이야 좋지만 그게 가능할까요? 제 아들이지만 전 객관적인 판단을 하는 사람입니다.

영작문부터 까꾸루 공부하는 이유

까꾸루쌤 어머님, 제가 전에 '동양인과 서양인의 사고방식은 거꾸로'라는 내용으로 수업하면서 제 영작문 수업 이름이 까꾸루 영작문이라고 했어요. 기억나시나요?

원 하 나 네. 기억나요.

까꾸루쌤 그리고 까꾸루 영작문이라고 칭한 2가지 이유가 더 있다고 했어요. 오늘 아버님이 많이 궁금해 하시는 것 같으니 그 이유를 모두 말씀 드릴게요.

공 부 장 흠… 일단 들어 보겠습니다.

까꾸루쌤 먼저 언어적 의미입니다. 기본적으로 한국어와 영어는 어순이 반대입니다. 때문에 영작문의 기본은 어순을 거꾸로 배치하는 것에서 시작합니다. 까꾸루 영작문이라 명명하는 첫 번째 이유입니다. 어렵지 않죠?

공 부 장 계속 설명해 주시죠.

까꾸루쌤 두 번째는 영어 학습 방법론에서의 의미입니다. 우리는 대개 상식적으로 문법, 회화, 독해 등을 먼저 공부하죠. 영작문은 가장 나중에 하거나 한국의 입시나 시험 중심의 환경에서는 따로 공부하지 않는 경우도 많습니다. 까꾸루 영작문의 노하우는 기존의 상식과 반대의 영어 학습 방법론을 제시합니다. '영어의 구조와 원리', 즉 '영어 문장의 메커니즘'을 익힐 수 있도록 먼저 영작문으로 영어의 큰 기둥을 익힌 후 문법, 회화, 독해와 같은 세부 줄기를 공부하는 접근법입니다. 여기까지 이해가 가시나요?

공 부 장 네, 뭐… 이해는 갑니다만. 그럼 마지막은 뭔가요?

까꾸루쌤 세 번째는 학습 태도에서의 의미입니다. 저도 영어학원을 운영하고 있지만 사실 영어를 아주 잘하지 못합니다. 하지만 이 학습 노하우를 쉽고 재미있게 전달하기 위한 메신저로는 적합하죠. 요즘 제 수업을 들으면서 부광이를 직접 지도하는 어머님도 마찬가지이지요. '잘하니까 가르치는 것이 아니라 가르치다 보니까 잘하는 것', 이것이 까꾸루 학습의 철학이고 학습을 대하는 태도입니다.

공 부 장 좋은 의미네요. 그런데 뭐랄까요. 부광이 엄마가 배워서 직접 가르치는 것이 혁신적인 방법이라는 것과 방금 말씀하신 의미들은 크게 연결성이 없는 것 같습니다. 이상과 현실의 괴리감이라고 할까요?

서로 가르치고 배우면 학습 효과도 두 배

까꾸루쌤 네. 제 방법론이 100퍼센트 맞다는 이야기가 아닙니다. 그런데 명백한 사실은 중학교 1학년 때까지 지금 부광이보다 더 천방지축이었던 진아, 신아 형제가 서울대 의대에 갈 수 있었던 변화의 시작점이 이것이었죠. 진아 어머님이 까꾸루 영작문을 저에게 배우고 아이들을 가르치면서 시작되었는데, 그건 진아 부모님과 두 형제 모두 인정하는 부분이에요. 왜 그럴까요?

공 부 장 왜죠?

까꾸루쌤 말씀드린 것처럼 잘하니까 가르치는 것이 아니라 가르치다 보니 잘하는 것이에요. 어머님이 먼저 배워서 가르치고, 점점 실력이 늘어가는 모습을 아이들도 직접 눈으로 보고 느끼기 시작한 거죠. 형제들도 서로 가르치고 이러면서 영어부터 공부에 흥미를 갖기 시작했고요. 이 작은 시작이 나비효과가 되어 전국적으로도 보기 힘든 서울대 의대 형제의 탄생이라는 신화가 쓰인 것입니다.

공 부 장 좋아요. 그 부분은 이제 이해가 됐어요. 그런데 거꾸로, 아니 까꾸로하는 영어 학습법론의 의미도 100퍼센트 납득이 가지 않는데요.

까꾸루쌤 이따가 까꾸루 영작문의 간단한 전체 프로세스는 1시간 정도 제가 아버님만을 위하여 설명 드리겠습니다. 그 정도만 들어도 아버님은 다 이해하실 수 있을 거예요. 분명 아버님이 저보다 학교 다닐 때 영어도 잘하셨을 테니까요. 지금은 일단 이것부터 여쭤 볼게요.

공 부 장 무엇이죠?

까꾸루쌤 대학 입학에 가장 중요한 시험이 뭘까요?

공 부 장 물론 수능이죠.

까꾸루쌤 그럼 대학 입학은 언제 성적을 기준으로 결정이 되죠?

수상하단 말이야…
영어를 잘하려면 말이죠…

공 부 장 너무 당연한 걸 물어보시네요. 고등학교 성적이죠.

까꾸루쌤 그럼 아버님, 중학교 영어와 고등학교 영어에서 교과과정의 가장 큰 차이가 무엇일까요?

공 부 장 글쎄요. 당연하게 학년이 올라갈수록 어려워지는 거죠. 어휘 수준도 올라가고 문장도 길어지고.

까꾸루쌤 경영학과 졸업했다고 하셨죠?

공 부 장 네. 그렇습니다만.

까꾸루쌤 그럼 제 말을 잘 이해하실 수 있을 거예요. 중학교 영어는 미시경제 수업이고 고등학교 영어는 거시경제 수업이에요.

공 부 장 무슨 뜬금없는 소리이신가요? 영어와 경제학 수업이 무슨 상관이죠?

까꾸루쌤 중학교 영어는 마치 미시경제 수업 같아요. 주로 품사, 시제, 용법 같은 개별적인 사항을 가르치고 시험에서 출제하죠. 각각을 배우는데 이게 특별하게 신경을 쓰지 않으면 전체에서 어느 부분을 배우고 있는지 학생 스스로 인지하기 쉽지 않아요.

공 부 장 흠, 그렇긴 하죠.

까꾸루쌤 고등학교 영어 수업은 마치 거시경제 수업 같아요. 개별적인 사항이 아니라 긴 지문의 문장을 주고 문맥을 이해하고 그곳에서 문제를 출제하죠. 더 이상 세세한 것에 대해 묻고 그게 맞니 틀리니 이런 거에 초점을 맞추질 않아요. 우리가 그걸 '독해'라고 표현을 하죠. 수능 문제의 대다수가 독해 문제인 것은 아실 거예요. 까꾸루 영작문 수업은 이 고등학교 때 배울, 영어의 문장을 큰 틀에서 이해하는 공부의 기초 훈련입니다. 초등학생이 되었든 중학생이 되었든 입시에도 중요하고, 우리가 실제로 영어를 읽고 이해하는 데에 필요한 고등 영어 스타일의 공부를 시작하는 것입니다. 아까 아버님이 말씀하셨죠. 대학교 입학의 기준은 고등학교 성적이라고.

공부장 설명이 논리적이기는 한데 비약이 좀 심하신 것 같습니다. 아직 중학교 영어도 못하는 아이에게 고등학교 영어식의 수업을 하면 기초가 없는 사상누각(沙上樓閣)의 꼴이 날 것 같은데요.

자리를 알아야 영어가 쉬워진다

역시 서울대 출신은 다른가 봅니다. 저 같으면 선생님이 그렇다고 하니 그런가 보다 했을 텐데 공부짱이었던 남편은 비판적인 시각을 가지고 계속 반론을 제기합니다. 얼굴이 잘난 건 아닌데 이럴 때 보면 남편이 멋있어 보이네요. 이런 면이 있으니 제가 그 키 크고 훈훈했던 남자들을 모두 마다하고 이 사람과 결혼했다는 걸 새삼 깨닫습니다.

까꾸루쌤 어머님. 제가 공부 시작했을 때 왜 까꾸루 영작문을 공부해야 한다고 했죠?

원하나 음, 기억이 잘 안 나요.

까꾸루쌤 영어의 기초 체력을 한 달 만에 키우기 위해서라고 했어요. 그리고 한 달 만에 영어에 대한 성공 경험을 갖기 위해서라 했죠.

원 하 나 아~ 맞아요. 이제 생각났어요.

긴 문장의 직독직해도 술술 풀리는 법

까꾸루쌤 그런데 위의 이야기는 좀 원론적인 이야기이고 제가 어머님과 같이 공부하는 현실적인 이유가 있어요. 우선, 지난 시간에 우리는 한 달 안에 영어의 개념에 대해서 이해를 해야 하고 영어의 핵심 개념은 자리라고 했잖아요. 기억나세요?

원 하 나 네. 기억나요.

까꾸루쌤 영어의 핵심 개념인 자리를 정확하게 이해하는 것은 다른 말로 영어의 구조와 원리를 이해하는 거예요. 영어의 구조와 원리를 이해하면 과연 무엇이 좋을까요?

원 하 나 글쎄요.

까꾸루쌤 아버님은 자리라는 개념은 아직 모르시지만 어떤 과목의 구조와 원리를 이해하면 무엇이 좋을까요?

공 부 장 이해력이 좋아지겠죠.

까꾸루쌤 빙고. 맞습니다. 막무가내로 암기할 필요가 없다는 거예요. 주로 쓰이는 표현이나 문법을 공부할 때는 물론 암기가 필요하지만 구조와 원리를 이해하고 암기하는 것과 그냥 암기하는 것은 하늘과 땅 차이예요. 그리고 영어의 구조와 원리를 이해하면 수능 문제를 푸는 게 쉬워져요. 그게 무슨 이야기냐면 지금 수능 영어 문제의 구성이 듣기평가 17문제, 문법 1문제, 독해 27문제로 구성이 되어 있어요. 지금은 대입을 위해 문법을 위한 문법을 공부할 필요가 없고 독해가 중요하다는 이야기입니다. 그런데 수능 영어 문제는 지문이 엄청 길어요. 그래서 학교든 학원이든 영어 선생님들은 직독직해를 하라고 아이들에게 지도하죠. 그럼 아버님, 직독직해는 어떻게 하는 거죠?

공 부 장 말 그대로 읽고 바로 해석하라는 이야기가 아닌가요?

까꾸루쌤 맞습니다. 그런데 말이 쉽죠. 사실 수능 국어도 한글로 출제되는데 바로 읽고 문제를 푸는 게 쉽지가 않거든요. 영어는 얼마나 어렵겠어요. 영어의 직독직해를 하려면 문법보다 근본적으로 영어의 구조를 이해해야 비로소 가능한 거예요. 단순히 문법을 안다는 것과 좀 다른 이야기예요.

공 부 장 흠. 그런 부분이라면 문장의 5형식을 이해하면 되는 거 아닌가요?

까꾸루쌤 아니요. 문장의 5형식은 대한민국에서 영어를 배우는 사람이라면 누구나 다 배우지만, 왜 다들 독해를 어려워하죠? 아버님이야 공부를 워낙 잘하셨으니 이해가 안 될 수 있겠지만 많은 학생들이 헤매는 게 현실입니다.

공 부 장 그게 뭐 특별히 어렵다고.

까꾸루쌤 자, 정리해 보겠습니다. 첫째, 한 달 만에 영어의 기초 체력을 키우려면 영어의 핵심 개념을 이해해야 합니다. 둘째, 영어의 핵심 개념은 '자리'입니다. 셋째, 자리를 이해하는 것은 '영어의 구조와 원리'를 이해하는 것입니다. 넷째, 영어의 구조와 원리를 알고 암기하는 것과 그냥 암기하는 것은 천지차이입니다. 다섯째, 영어의 구조와 원리를 정확하게 이해해야 비로소 직독직해가 가능합니다. 여섯째, 영작은 영어로 자신의 생각을 표현하는 것이니 본질적으로 자신의 생각을 말할 수 있습니다.

원 하 나 이렇게 정리해서 들으니까 저도 다시 새기게 되네요!

까꾸루쌤 그래서 까꾸루 영작문을 공부하는 것은 영작문만 공부하는 것이 아니라 이것을 공부함으로 인해서 수능 등 각종 영어

시험의 실력을 키워주는 거예요. 거기다가 영작은 회화를 하는 것에도 큰 도움이 될 수 있는 것이죠.

이때 저는 생각했습니다. 진아 형제가 영어 성적을 잘 받은 이유가 있었구나. 서울대 의대에 입학한 이유가 있고 언니가 추천해 준 이유가 이런 것들이었구나 하고 말입니다.

까꾸루쌤 이 기본적인 원리를 이해하는 데는 한 달이면 충분해요. 그래서 어머님께 딱 한 달만 같이 공부하자고 권유한 겁니다.

공 부 장 설명은 너무 훌륭하지만 전 아직도 중학교에서 고등학교 순서가 아닌 거꾸로, 아니, 까꾸로 접근해서 공부를 해야 하는지 100퍼센트 납득이 가지 않습니다.

까꾸루쌤 아버님. 사실 영어가 중학교 영어가 따로 있고 고등학교 영어가 따로 있고 하겠습니까? 교과 커리큘럼을 짜기 위해서 교육전문가들이 구분한 순서인 것이지.

공 부 장 그러니까요. 그 순서를 따라야죠.

까꾸루쌤 혹시 군맹무상(群盲撫象)이라는 사자성어 의미 아시나요?

공 부 장 '장님 코끼리 만지기'라는 뜻이죠.

까꾸루쌤 역시 공부짱 출신다우시군요. 제 말은 기존의 커리큘럼을 무시하라는 이야기가 아닙니다. 학교 진도는 맞추어 나가야죠. 문법을 잘 아는 것도 너무 중요합니다. 그래야 정확하게 해석하고 표현할 수 있겠죠.

공부장 제 말이 그 말입니다.

까꾸루쌤 단, 우리는 영어의 큰 그림을 학습자에게 먼저 보여 주고 문장의 본질을 이해하는 과정을 먼저 그리고 빨리 소화하자는 것입니다. 학생들이 스스로 인지하면서 영어의 부분 부분들을 연결해 큰 틀을 보는 것은 사실 너무 어려워요. 말씀드렸듯 먼저 전체를 대략적으로 보고 이해하면 다음의 세부적인 사항들을 공부하는 것이 쉬워집니다.

원하나 그게 한 달이면 충분하다는 거죠?

까꾸루쌤 네. 저와 함께 한 달 동안 배운 뒤 계속 공부하면서 자녀들 수행평가도 직접 코칭할 수 있고 자신감이 붙어서 열심히 영어 실력을 계속 키우는 분들도 계시고요. 두 경우가 아니더라도 아이들 영어 학습에 대한 분별력이 생기게 되요. 좋은 선생님과 좋은 교재 그리고 아이와 맞지 않는 선생님, 나쁜 교재를 분간하실 수 있어요. 한정된 시간과 돈을 투자해야 하는 상황에서 이건 정말 중요하겠죠.

공부장 이제 저도 거의 납득이 가기 시작합니다. 제가 너무 오해하고 의심한 것 같네요. 죄송합니다.

까꾸루쌤 아닙니다. 이렇게 허심탄회하게 대화를 하니 저도 좋네요. 오늘 이 대화를 나누었기 때문에 우리 어머님도 함께 공부하는 수업에 대한 이해도도 높아지고 책임감도 더 생기셨을 것 같고요.

공부장 네. 주말에 수고 많으신데 저희는 이제 가 보겠습니다.

남편의 의심은 풀렸지만, 과연 어떤 마음인지 궁금했습니다. 집으로 돌아오는 길에 남편에게 까꾸루쌤과의 만남이 어땠는지 물어봤습니다.

공부장 괜찮은 노하우야. 나도 학교 다닐 때 미리 알았으면 영어를 더 쉽게 공부했을 것 같아.

원하나 당신이 보기에도 괜찮은 거 같아?

공부장 응. 그런데 당신 진짜 부광이 잘 가르칠 수 있겠어?

원하나 솔직히 당장 완벽하게 할 자신은 없는데 분명 영어에 대한 이해도가 높아지고 있어. 자기야, 자기가 나 좀 믿고 응원해 주면 안될까? 나 최선을 다해 볼게. 부광이도 공희 언니네 애들처럼 될 수 있도록 나부터 열심히 해 볼게.

공부장 그래. 요즘 자기 집에서도 공부하는 거 보면서 놀라긴 했어. 앞으로는 나도 팍팍 밀어줄게.

원하나 우리 남편 고마워. 나도 의욕이 더 생기는 것 같아.

공부장 그리고 당신 학원비는 따로 받는 거 아니라며. 공짜라며.

원하나 뭐야… 하여간 이 짠돌이.

뜯고 맛보는 영어의 4가지 자리

까꾸루쌤 어머님, 오늘은 진짜 기분이 좋아 보이시네요. 좋은 일 있으셨나요?

원하나 네. 선생님 덕분에 남편이 저 영어 공부하는 거 확실하게 밀어주기로 했어요.

까꾸루쌤 잘 됐네요. 진심으로 축하드립니다.

원하나 남편에게 존중받는 것 같아 너무 뿌듯했어요.

까꾸루쌤 이야, 대박. 부광이한테 자리 개념도 잘 가르치셨나요?

원하나 네. 알려 주신 대로 한국어의 토씨는 옷을 활용해서 알려 주고 영어의 자리 개념은 기차 칸으로 비유해서 알려 주니까 각 언어의 문장성분이 어떤 식으로 표현되는지 잘 이해하는 느낌이었어요.

까꾸루쌤 잘하셨어요. 우선은 부광이가 완벽하게 이해할 필요는 없어요. 이 두 개의 차이에 대한 느낌만 확실하게 알고 있으면 충분해요.

원 하 나 저도 갈수록 영어에 대한 감을 잡는 것 같아요. 오늘 수업 내용도 너무 기대돼요.

까꾸루쌤 오늘 수업도 짧게 하고 끝낼 거예요. 지난 시간에 '영어는 자리가 문장성분을 결정한다!'는 사실을 배웠어요. 그래서 영어의 핵심 개념은 바로 이 자리를 정확하게 이해하는 것이라고 했죠. 기억나시죠?

원 하 나 네. 주어 자리, 동사 자리, 목적어 자리.

까꾸루쌤 맞아요. 'Romeo loves Juliet'에 이어 오늘은 'Romeo is a boy'라는 문장을 활용할게요. 여기서 'a boy'는 무슨 자리가 될까요?

원 하 나 목적어 자리?

까꾸루쌤 우리가 학교 다닐 때 보통 2형식이라고 배웠죠. be동사 뒤의 문장성분은 보어라고 배우셨을 거예요. 그래서 그 자리는 보어 자리예요.

원 하 나 2형식 기억나네요.

까꾸루쌤 그럼 'A boy is Romeo'에서 Romeo는 문장성분이 어떻게 되죠?

원 하 나 보어요.

까꾸루쌤 왜 그런지 설명해 보시겠어요?

원 하 나 영어는 단어가 바뀌는 게 아니라 자리에 따라 문장성분이 바뀐다고 했어요. 이 문장에서는 Romeo가 보어 자리에 갔으니까 보어가 되는 거예요.

까꾸루쌤 굿. 너무 잘하셨어요.

원 하 나 부광이를 직접 가르치니까 설명도 더 잘 되는 것 같아요.

자리의 관점으로 영어의 구조 파악하기

까꾸루쌤 좋습니다. 자, 우리가 수업에서 사용하는 자리라는 개념은 2가지 관점으로 분류 돼요. 첫 번째가 지난 시간에 배웠던 주어 자리, 동사 자리, 목적어 자리, 보어 자리죠. 이것은 문장성분의 관점으로 보는 자리예요. 두 번째는 품사의 관점으로 보는 자리가 있어요. 품사의 관점을 쉬운 말로 풀어쓰면 말 조각의 '역할'이다 생각하면 이해가 쉬워져요. 영어의 품사의 관점에서 보는 4가지 자리, 즉 역할의 4가지 자리는 명사어 자리, 형용사어 자리, 부사어 자리, 서술어 자리입니다. 같이 말해 볼까요?

원 하 나 명사어 자리, 형용사어 자리, 부사어 자리, 서술어 자리.

까꾸루쌤 사실 다 아는 건데 이러한 개념을 이해하지 못하니까 영어가 어려워지는 겁니다. 각 역할에 따른 4가지 자리에 대해 정확하게 이해하면 영작도, 회화도, 수능 직독직해도 끝나는 겁니다. 어렵지 않아요.

원 하 나 어렵지 않다니요? 저는 문장성분의 관점, 품사의 관점 이렇게 말씀하시는 거 자체가 벌써 헷갈려요.

까꾸루쌤 갑자기 이야기만 들으니까 그런 거예요. 저와 함께 하나하나씩 연습하다 보면 금방 감을 잡으실 수 있어요. 그리고 우리 영어 공부하는 마인드 세팅이 뭐랬죠?

원 하 나 잘하려 하지 마라. 자신감이 반이다!

까꾸루쌤 네! 완벽하게 알려하지 마세요! 지금은 단순화해서 영어의 기초 체력을 다지는 것이 우선이라고 말씀드렸잖아요. 쉽다는 프레임으로 접근을 하셔야지 어렵다고 생각하면 끝이 없습니다.

원 하 나 네!

까꾸루쌤 우선 명사어 자리. 문장에서 명사는 어떤 문장성분에 쓰일까요?

원하나 주어, 목적어요?

까꾸루쌤 거의 맞추셨는데 하나 빼먹으셨네요. 보어. 명사의 역할은 주어, 목적어, 보어이기 때문에 명사어 자리에 들어갈 문장성분은 주어, 목적어 보어입니다.

원하나 아… 보어를 잊고 있었네요.

까꾸루쌤 다음 형용사어 자리. 문장에서 형용사의 역할은 뭘까요?

원하나 형용사는 명사를 꾸며 줘요.

까꾸루쌤 딩동댕. 형용사는 명사를 수식하는 역할을 하죠. 여기에 하나 더하면 보어 자리에 쓰이는 형용사는 상태를 설명하는 역할을 합니다. 그런데 일단 우리는 형용사어 자리는 그냥 명사 수식으로만 한정 지을게요. 그 이유는 나중에 설명 드리겠습니다.

원하나 제가 뭐 하나씩 꼭 빼먹네요.

까꾸루쌤 잘하고 있으세요. 이렇게 적극적으로 대답하는 태도를 갖고 있는 학생이 갈수록 실력이 일취월장하더라고요.

원하나 제가 학교 다닐 때도 성적은 별로였지만 태도는 좋았거든요. 이제야 빛을 발하나 봐요.

까꾸루쌤 아주 좋아요. 그럼 우리 간단한 영작 하나 할까요? '너와 나는 하나다'라는 문장을 영작하면, 'You and I are one'이죠. 여기서 서술어는 뭘까요?

원 하 나 are이 아닐까요?

까꾸루쌤 빙고. 그런데 여기서 are은 어떻게 해석할까요?

원 하 나 음… 하나다?

까꾸루쌤 학교 다닐 때 Be동사는 '~이다'로 해석하라고 배우셨죠? 혹시 서술어에 대한 차이를 설명하실 수 있겠어요?

원 하 나 느낌은 알겠는데 말로 설명하려니까 어렵네요.

영어의 핵심 프레임, 주어와 동사 파악하기

까꾸루쌤 서술어는 우리말로 '~다, ~이다, ~하다'로 해석되는 문장성분이에요. 여기서 차이가 영어는 동사만이 서술어로 쓰여요. 반면에 우리말은 동사, 형용사, 명사, 대명사, 수사 등 다양한 품사가 서술어로 쓰이죠. 각종 품사에 서술격 토씨가 붙어서 서술어가 되는 특징을 갖고 있죠. 이해되시나요?

원 하 나 음… 예를 들면요?

까꾸루쌤 위의 예에서 우리말은 '하나다'가 수식어로 쓰였죠. '하나'는 동사가 아니라 명사, 좀 구체적으로 들어가면 수를 표현하는 수사이죠. 그럼 우리말 식으로 수사를 수식어로 쓰면 영작이 'You and I one'이 되어야 하잖아요. 이 문장이 틀린 이유는 무엇일까요?

원 하 나 영어 문장의 5형식에 해당하지 않아요.

까꾸루쌤 네. 그것도 맞는 답이기는 한데요. 지금 질문을 드린 의도는 그게 아니에요. 영어는 핵심 프레임이 있다고 했어요. 영어의 핵심 프레임이 무엇이라고 했죠?

원 하 나 주어+동사요.

까꾸루쌤 그래서 제가 'You and I one'이라는 문장이 틀렸다고 하는 이유는 영어 문장의 5형식에서 벗어나서도 맞지만 좀 더 본질적인 시각에서 바라보면 위의 문장은 주어+동사라는 영어의 핵심 프레임이 없기 때문에 영어에서는 문장으로 쳐주지 않아요. 더군다나 영어 문장에서 주인은 동사라고 했잖아요. 주인이 없는 글의 나열은 문장이 될 수 없어요.

원 하 나 너무 쉬운 문제라고 생각했는데 깊은 뜻이 있었네요.

까꾸루쌤 이런 기본적인 개념을 파악하고 있어야 올바른 영작, 올바른 영어 표현이 가능해요. 그래서 서술어 자리에 대해서는 두 가지를 기억하세요. 첫째, 영어의 서술어는 동사이다. 때문에 서술어 자리에는 꼭 동사가 들어간다. 둘째, 우리말은 다양한 품사가 서술어로 쓰인다. 그래서 우리말을 그대로 영작을 하는 것이 아닌 영어의 핵심 프레임인 주어+동사에 맞추어 주어야 한다.

원 하 나 쉬운 문장이라고 무시하면 안 되겠어요.

까꾸루쌤 오늘 수업은 문장이 쉽고 어렵고의 문제를 말하려는 것은 아니에요. 영어의 전체적인 구조를 볼 수 있어야 영어를 제대로 이해하고 영어 문장을 스스로 만들 수 있습니다.

원 하 나 네! 명심할게요.

까꾸루쌤 마지막으로 부사어 자리는 명사어 자리, 형용사어 자리, 서술어 자리를 제외한 나머지라고 단순하게 생각하면 돼요.

원 하 나 부사는 동사나 형용사를 꾸며 주는 역할을 하잖아요. 맞죠?

까꾸루쌤 맞습니다. 부사는 부사끼리도 꾸며 주는데 복잡하니까 그냥 그 외 나머지라고 단순하게 생각하세요. 그럼 오늘 배운 내용을 간단하게 표로 정리해 보겠습니다.

원 하 나 네, 그럴게요. 그런데 오늘 내용은 조금 많아서 집에 가면 잊어버릴 것 같아요.

까꾸루쌤 걱정 마세요. 그러실까 봐 제가 표로 정리했으니까요.

원 하 나　감사해요, 쌤! 잘 기억해 둘게요.

<품사의 관점(말 조각의 '역할')으로 보는 4가지 자리>

명사어 자리	주어, 목적어, 보어
형용사어 자리	명사수식
부사어 자리	그 외 나머지
서술어 자리	~다, ~이다 '반드시 동사!'

예쁜 엄마가 말하는 '예쁜' 형용사

원하나 아들, 오늘도 엄마랑 영어 공부하자.

공부광 알았어. 대신 빨리 끝낼 거지?

원하나 응. 개념만 이해하면 될 것 같아.

공부광 좋아. 빨리 끝내자.

원하나 저번에 엄마랑 영어의 자리 공부했던 거 기억나?

공부광 자리? 자리가 뭐였더라?

원하나 왜 기차 칸 있었잖아. 주어 칸, 동사 칸, 목적어 칸, 보어 칸.

공부광 아~ 기차 칸! 영어는 문장성분이 말 모양은 그대로인데 칸을 옮겨가면 변한다고 했지.

원하나 맞아! 우리 아들 이제 영어 실력 좀 늘었나 본데.

공부광 옷 갈아입는 것도 하고 기차 칸으로 생각하고 하니까 완전 이해가 됐어.

영어의 역할에 따른 4가지 자리

원하나 오늘은 또 다른 영어의 자리에 대해 설명할 거야.

공부광 또 무슨 자리가 있어?

원하나 저번에 기차 칸 자리는 영어의 문장성분을 구분하는 거고.

공부광 문장성분? 주어, 동사, 목적어, 보어 이런 거 말하는 거지?

원하나 맞아. 그리고 오늘은 영어의 역할에 따른 4가지 자리야.

공부광 음. 어려울 것 같은데….

원하나 우선 명사어 역할이 있어. 명사가 뭔지 알아?

공부광 물건이나 사람 이름 말하는 건가?

원하나 맞아. 명사 역할의 단어들은 주어, 목적어, 보어로 쓰이는 거야.

공부광 주어 칸, 목적어 칸, 보어 칸에 들어간다고 했지?

원하나 정답! 와, 우리 아들 대단한데? 그리고 형용사어 역할이라는 게 있어. 형용사 혹시 알아?

공부광 형용사? 형용사가 뭐야?

원하나 음… 예를 들자면 '잘생긴 아들'하면 '아들'이라는 명사를 '잘생긴'이라는 단어가 꾸며 주잖아. 이렇게 명사를 꾸며 주는 게 형용사야.

공부광 그럼 '예쁜 엄마'하면 '예쁜'이 형용사네.

원하나 맞아. 형용사의 역할은 이렇게 명사를 꾸며 주는 거야.

공부광 알았어. 뭐, 어렵지 않네.

원하나 그리고 서술어 역할이라는 게 있어. 서술어는 '~다, 이다' 이런 식의 표현이야.

공부광 그럼 동사 칸이네?

원하나 응. 그런 개념이지. 어렵지 않지?

공부광 쉽네~ 4가지 역할이라 했으니까 마지막은 뭐야?

원하나 마지막으로는 부사어 역할이라는 게 있어.

공부광 부사어는 역할이 뭐야?

원하나 아직 이건 그렇게 중요하지는 않아. 그냥 앞에 명사어 역할, 형용사어 역할, 서술어 역할을 뺀 나머지는 부사어 역할이라 생각하자.

공부광 그래. 그냥 그렇게 알고 있을게. 오늘 공부 다 끝난 거야?

원하나 응. 엄마는 까꾸루쌤한테 배웠을 때 좀 어려웠는데 아들은 어렵지 않아?

공부광 응. 이해했어. 엄마가 노트로 정리해서 좀 줘.

원하나 으휴… 알았어.

부광이가 일단 자리의 개념에 대해 이해한 것만 해도 다행이라는 생각이 들었습니다. 생각보다는 잘 따라와 준 부광이가 기특했습니다. 부광이가 요즘은 학원 가기 싫다는 말도 안 하고, 스스로 숙제도 하네요. 앞으로 더 나아지리라는 기대와 희망을 가지게 되는 하루입니다.

단어, 구, 절은 무슨 역할을 할까?

까꾸루쌤 어머님, 안녕하세요. 반갑습니다.

원 하 나 안녕하세요, 쌤.

까꾸루쌤 저번 시간에 배운 품사의 관점으로 본 4가지 자리 부광이한테 잘 설명해 주셨나요? 아직 부광이가 이해하기 쉽지 않을 텐데….

원 하 나 네, 역할놀이 컨셉으로 설명하니까 부광이도 이해를 하더라고요.

까꾸루쌤 와우~ 굿. 핵심을 잘 잡아서 아이 눈높이에 맞추어 정말 잘 설명해 주셨네요.

원 하 나 과찬이세요. 호호.

까꾸루쌤 아니에요. 그런 식으로 아이가 우선 전체 개념을 머릿속에 하나씩 집어넣으면 영어에 대한 이해도가 높아질 수 있어요. 그렇게 되면 다른 아이들보다 훨씬 앞선 출발점에 서게 되는 거죠. 하루 종일 단어 외운다고 머리 싸매는 것보다 더 효과적인 방법이에요.

원 하 나 까꾸루쌤 덕에 저도 부광이도 요즘 많이 배우고 있어요.

까꾸루쌤 지난 시간에 배운 내용 중에 품사의 관점으로 보는 4가지 자리에 대해서 수업을 했죠. 그 4가지가 뭐였죠?

원 하 나 명사어 자리, 형용사어 자리, 부사어 자리, 서술어 자리요.

까꾸루쌤 네, 맞아요. 그리고 영어의 핵심 개념은 바로 이 자리를 정확하게 이해하는 것이라고 했어요. 아이를 가르치니까 자연스럽게 복습이 되죠?

원 하 나 네. 잘해서 가르치는 게 아니라 가르치면서 실력이 는다는 쌤의 학습 철학이 맞는 거 같아요. 직접 공부를 봐주니 부광이를 더 잘 이해하게 되는 것 같고요.

까꾸루쌤 아주 좋습니다. 오늘은 품사의 관점으로 보는 4가지 자리. 즉, 역할의 4가지 자리를 채우는 방법에 대해서 이야기할 거예요.

원 하 나 역할의 4가지 자리를 채우는 방법이요?

문장성분을 구분하면 구조가 보인다

까꾸루쌤 대단한 건 아니고요. 이미 알고 계신 내용이에요. 먼저 영어를 읽는 입장에서는 문장의 구성성분을 구분하는 작업입니다. 그리고 영어를 쓰는 입장에서는 어떤 것으로 문장을 채워가는 것인지 분명하게 인지를 해야 마지막으로 영어의 구조와 원리를 분명하게 이해할 수 있죠.

원 하 나 와, 궁금하네요. 그 방법들은 무엇인가요?

까꾸루쌤 영어 역할의 4가지 자리를 채울 수 있는 방법은 3가지입니다. 바로 단어, 구, 절이에요. 일단 서술어 자리는 '동사'로 이해하고 넘어가자 했으니까 제외하고요. 명사어 자리, 형용사어 자리, 부사어 자리 이 3가지 자리를 채울 수 있는 방법이 단어, 구, 절 3가지이므로 영어의 주요 포인트를 구성하는 모든 경우의 수는 몇 가지가 될까요?

원 하 나 3×3이니 9가지 경우가 되겠네요.

까꾸루쌤 빙고. 9가지 경우를 쭉 볼게요. 처음 공부할 때 머릿속에 분명하게 알고 넘어가는 게 좋아요. 화면을 같이 볼까요?

자리 (품사의 관점)	역할	방법/수단 (형태)	문법적 명칭
명사어 자리	주어, 목적어, 보어	단어	1. 명사
		구 (~ing, ~ed, to~)	2. 명사구
		절 (That~, Wh~)	3. 명사절
형용사어 자리	명사수식, 상태	단어	4. 형용사
		구 (~ing, ~ed, to~)	5. 형용사구
		절 (That~, Wh~)	6. 형용사절
부사어 자리	그 외 나머지	단어	7. 부사
		구 (~ing, ~ed, to~)	8. 부사구
		절 (That~, Wh~)	9. 부사절

까꾸루쌤 여기에 9가지 경우의 수에 서술어 자리까지 더하면 영어 역할의 자리를 채우는 방법은 10가지입니다. 이 10가지 자리를 정확하게 이해하는 것이 영어의 구조와 원리를 깨닫는 것입니다.

원 하 나 네. 아주 중요한 지점 같은데요.

까꾸루쌤 영어 공부를 이해하는 것과 그냥 외워서 하는 것의 근본적 차이가 여기에서 갈리는 것이죠. 저와 끝까지 공부하면 아시겠지만 기본적으로 영작문 외에도 내신, 수능, 자격증과 같은 시험도 대비가 되고 회화와 같은 실전 영어도 대비가 되는 튼튼한 기초를 잡을 수 있어요. 오늘 배운 내용은 집에 가서 부광이에게 굳이 설명하실 필요는 없을 것 같아요. 학원에서 시기에 맞추어서 차근차근 설명하겠습니다.

원하나 감사합니다. 사실 어떻게 알려 줘야 하나 막막했거든요.

2주 만에 일어난 놀라운 변화

한 달짜리 영어 수업을 받기 시작한 지 절반의 시간이 흘렀습니다. 학생 때 배웠던 그 수많은 시간보다 지난 2주 동안 영어에 대해서 더 많은 것을 깨달은 것 같은 신기한 느낌이 듭니다.

학교 다닐 때 공부 잘하던 제 남편 같은 범생이들이 이해 중심으로 공부를 해야 한다고 했을 때 "그래, 맞아" 하고 공감하는 척했는데 까꾸루쌤의 수업을 듣고 이제야 그 의미를 알게 되었습니다.

평소에 직접 부광이를 가르치는 것에 핀잔을 주며 반대했던 남편도 까꾸루쌤과의 1:1 면담 이후에는 별말 없이 응원해 주고 있습니다. 까꾸루쌤이 무슨 마법이라도 부렸나 봅니다. 말로는 직접 표현하지 않아도 묵묵하게 지지해 주는 느낌이 드네요.

부광이는 솔직히 제 욕심에는 한참 못 미치는 게 사실입니다. 그런데 아이를 직접 가르쳐 보면서 현재 아이의 학습 상황이 어떤지 알게 된 것이 가장 큰 소득입니다. 수업에 대한 집중도가 얼마나 되는지, 내용을 얼마나 이해하는지 이런 부분을 알게 되었습니다. 아이랑도 더 가까워진 것 같고요.

그동안 공부하라고 잔소리하고 별 생각 없이 학원에 보냈던 것이 아이를 위해서가 아니라 그냥 내가 귀찮아서 책임을 모두 남에게 미룬 것이 아닌가 하는 반성도 했습니다. 처음보다 부광이도 점점 나아지고 있고 저도 좀 더 잘 가르쳐 보려고 이것저것 고민을 하는 중입니다. 이 모든 변화가 2주 만에 일어났다는 게 저도 놀랍습니다.

구는 동사다

까꾸루쌤 지난 수업 시간 내용을 간단하게 복습해 볼까요? 영어 역할의 4가지 자리를 채우는 방법 3가지가 무엇이라 했나요?

원하나 단어, 구, 절입니다.

까꾸루쌤 와우. 학생 때 공부 못했다는 말 그냥 하신 말씀이시죠?

원하나 사실 집에서 복습했어요. 처음으로 영어가 재미있어지니까 열심히 하게 되네요.

까꾸루쌤 아주 좋아요. 오늘 수업은 '구'에 대해서 집중적으로 공부할 거예요.

원하나 네. 준비됐어요.

까꾸루쌤 어머님, 영어에서 구란 뭘까요?

원하나 음… 단어는 아니고 단어끼리 합쳐진 건데 그게 짧은 거….

까꾸루쌤 대략적으로 기억하고 계신 거 같네요. 아마 학교 다닐 때는 분명 외우셨을 거예요.

원하나 분사구문 어쩌고 해서 배운 기억이 날 듯 말 듯 하네요.

까꾸루쌤 시중에 나와 있는 영어 문법책이나 참고서를 찾아보면 영어의 구를 이렇게 설명할 거예요. "두 개 이상의 단어가 모여 하나의 뜻을 갖는 덩어리"라고요.

무의미한 암기 대신 실전으로 익히기

원하나 그런데 이 정의는 한국어에도 해당하는 것 아닌가요?

까꾸루쌤 맞습니다. 전반적인 언어의 문법적 정의라 보는 게 맞겠죠. 예를 들면 'the river = 그 강', 'the white wall = 그 하얀 벽'은 영어로도 구이고 한국어로도 구예요.

원하나 그럼 '구는 두 개 이상의 단어가 모인 하나의 뜻 덩어리'라고 암기하면 되겠네요?

까꾸루쌤 아니요!

원하나 네? 그럼 외우지 말라고요?

까꾸루쌤 구의 정의는 그냥 갖다 버리세요. 개나 줘버리는 겁니다.

원 하 나 무슨 말씀이세요?

까꾸루쌤 언어학적 정의로는 맞지만 우리가 회화나 영작을 할 때는 외워 봤자 아무런 의미가 없어요.

원 하 나 아직 무슨 뜻인지 모르겠어요.

까꾸루쌤 네. 갑자기 개나 줘버리라 하면 다들 처음에는 이해를 못하시더라고요. 그래서 제가 문제를 하나 드릴 테니 한 번 맞춰 보시기 바랍니다.

(1) Playing tennis with my boyfriend is my favorite weekend activity.
남자친구와 같이 테니스 치는 것은 내가 주말에 가장 좋아하는 활동입니다.

(2) The girl sitting on the bench is my sister.
벤치에 앉아있는 소녀는 내 (여)동생입니다.

(3) A hurricane struck the city, leaving thousands of people homeless.
허리케인이 그 도시를 강타하여 수천 명의 사람들이 집을 잃었습니다.

까꾸루쌤 이 세 가지 문장에서 분사구가 쓰인 문장은 몇 번일까요?

원하나 쌤, 갑자기 저에게 왜 그러세요.

까꾸루쌤 제가 지금 말씀드리고자 하는 핵심은 문법적 정의나 문법적 용어를 암기하고 이걸 척척 말하는 것이 '영어의 핵심 개념'과 '영어의 구조와 원리'를 이해하는 데는 아무런 도움이 되지 않는다는 거예요. 영작, 회화, 독해 어느 것에도 도움이 되지 않죠. 쓸데없이 시간과 에너지만 낭비한다는 거예요. 그래서 아이들에게도 처음부터 이런 거 외우는 걸로 절대 스트레스 주지 마세요.

원하나 그동안 쓸데없는 것들을 암기하느라 에너지를 낭비했네요. 성적이 안 나왔던 이유가 있었어요.

전치사구와 부사구 알아보기

까꾸루쌤 자! 우리는 구를 딱 한 문장으로 정의할 거예요.

원하나 한 문장이요?

까꾸루쌤 네, 딱 한 문장이요.

원하나 궁금해요. 빨리 알려 주세요.

까꾸루쌤 "구는 동사다" 뭐라고요? 같이 말해 보시죠.

원 하 나 구는 동사다!

까꾸루쌤 이 정의에 대한 의도가 좀 이해가 가시나요?

원 하 나 알 듯 말 듯 해요.

까꾸루쌤 우리가 영어를 이해하고 활용할 때 실제로 의미 있는 구는 두 가지 밖에 없어요. '전치사구', 흔히 '전명구'라고도 표현하죠. 들어 보셨나요?

원 하 나 네. 문법 공부하면서 '전명구, 전명구' 하면서 외웠죠.

까꾸루쌤 그럼 전명구의 역할을 잘 아시겠네요?

까꾸루쌤 명사, 형용사, 동사를 꾸며 주는 수식어 역할 아닌가요?

까꾸루쌤 네 맞아요. 전치사구(전명구)는 전치사+명사의 형태라고 배웠잖아요. 그런데 우리는 이렇게 이해하지 않을게요. 전치사 뒤에는 영어의 문장성분 중 목적어가 쓰이게 되어있어요. 그래서 명사가 위치하죠. 그런데 목적어는 명사만 쓰일 수 있나요?

원 하 나 네. 목적어는 품사가 명사로 쓰이죠.

까꾸루쌤 어머님. 까꾸루 영작문의 관점으로 영어를 바라 볼 때는 기본적으로 자리의 관점으로 이해하기로 했잖아요.그래서 명사가 아닌 명사어 자리로 생각해 보세요. 명사어 자리에 어떤 것들이 쓰일 수 있다고 했죠?

원 하 나　명사어 자리에 쓰일 수 있는 단어, 구, 절은 명사, 명사구, 명사절이었어요.

까꾸루쌤　빙고. 그래서 전치사+명사가 아닌 전치사구를 '전치사+명사어 자리'로 이해해야 해요. 명사, 명사구, 명사절이 모두 쓰인다는 것을 이해하고 있어야 전치사구의 형태가 길어져도 문장에 대한 이해도가 높아질 뿐 아니라 나중에 영작이나 회화를 할 때 좀 더 고급스러운 표현을 구사할 수 있죠.

원 하 나　자리의 개념으로 설명을 들으니까 간단명료하게 쏙쏙 이해가 되네요.

까꾸루쌤　전치사구로 세 가지 예를 보여드릴게요.

〈전치사구의 세 가지 예〉

1. 'the pen on the desk' : 명사 뒤에 위치하여 명사를 꾸며 주는 형용사 역할을 하는 형용사구의 역할
2. 'The book is very useful in English study' : 형용사 뒤에 위치하여 형용사를 꾸며 주는 부사의 역할을 하는 부사구의 역할
3. 'I get up early in the morning' : 동사 뒤에 위치하여 동사를 꾸며 주는 부사의 역할을 하는 부사구의 역할

원 하 나　쌤, 전치사구에 대해 질문 있어요.

까꾸루쌤　예. 그런 적극적인 태도 아주 좋습니다.

원 하 나　지금 예시로 들어주신 문장들이 모두 전치사+명사로 되어 있는 문장이네요. 전치사구의 명사어 자리에 들어가는 명사구, 명사절의 예시도 알려 주세요.

까꾸루쌤　와! 어머님 정말 예리하신데요?

원 하 나　제가 잘 알아야 부광이도 잘 가르칠 수 있을 것 같아서요.

까꾸루쌤　좋습니다. 어떤 예시가 좋을까요. 음… 제가 좋아하는 스포츠를 주제로 한 번 문장을 만들어 볼까요? 우선 전치사구의 명사어 자리에 명사가 쓰인 문장을 하나 예를 들어 볼게요. 'What is the importance of sports in our lives?'가 무슨 뜻일까요?

원 하 나　'우리의 인생에서 스포츠의 중요성은 무엇입니까?' 맞나요?

까꾸루쌤　네. 아주 잘하셨어요. 이 문장에서 전치사+명사인 of sports가 앞의 명사 the importance를 꾸며서 '스포츠의 중요성'으로 해석할 수 있겠죠. 이건 명사어 자리에 기본적인 명사가 들어간 문장이니 크게 어렵지 않죠?

원 하 나　앞에서 예를 들어준 문장들과 같은 패턴이어서 눈에 잘 들어오네요.

까꾸루쌤 다음에는 우선 전치사구의 명사어 자리에 명사구가 쓰인 문장을 하나 만들어 볼게요. 'It is a benefit of playing sports', '그것은 스포츠를 하는 것의 이익이다' 정도로 해석할 수 있겠죠? 이 경우에는 전치사+명사구인 of playing sports가 앞의 명사 a benefit을 꾸며서 '스포츠를 하는 것의 이익'으로 해석할 수 있어요. 전치사 뒤에는 문장성분 중 목적어가 와야 하기 때문에 '스포츠를 하다'의 의미인 동사 play sports를 쓰면 틀린 표현이 되겠죠? 그래서 명사어 자리에 들어갈 수 있는 명사구인 동명사 playing sports를 활용하여 전치사 뒤에 붙여 주면 됩니다.

긴 문장의 구조도 명사어 자리로 쉽게 이해하기

원 하 나 전치사 뒤 명사어 자리에 명사뿐 아니라 명사구를 넣을 수 있다는 것을 알면 표현할 수 있는 경우가 더 많아지겠어요.

까꾸루쌤 물론이죠. 또 독해할 때도 이렇게 명사어 자리로 인식하고 있으면 긴 문장도 구조를 파악하는 데 더 수월하겠죠. 마지막은 전치사구의 명사어 자리에 명사절이 쓰인 경우예요.

원하나　네. 명사절은 어떻게 이해하면 되나요?

까꾸루쌤　영어의 구조와 원리로 보면 전치사구의 명사어 자리에 명사절이 쓰이는 것이 맞지만, 전치사+명사절은 영어에서 딱 이런 공식대로 쓰이지 않고 좀 예외적인 표현이에요. 잘 활용되지 않는 형태의 문장이고 지금은 이런 디테일에 초점을 맞출 필요 없으니 전치사+명사절은 잘 쓰이지 않는다는 정도만 이해하시면 될 것 같아요.

원하나　네, 알겠습니다.

까꾸루쌤　계속 강조하지만 지금 배우고 있는 수업의 목적은 자리의 개념을 통한 영어의 구조와 원리를 이해하는 것에 있어요. 전치사구가 전치사+명사가 아닌 전치사+명사어 자리라는 이해를 통해서 우리는 문장성분의 관점에서 목적어 자리와 품사의 관점에서 명사어 자리의 쓰임을 다시 한번 배울 수 있었습니다.

원하나　확실히 자리라는 개념을 통해 보니까 영어 문장에 대한 이해가 깊어지는 것 같아요. 서툴겠지만 영작을 할 때도 구조에 맞추어 하면 할 수 있겠다는 자신감도 들고요.

까꾸루쌤　영어의 구에서 진짜 중요한 내용은 아직 시작도 못했는데 오늘은 전치사 내용으로 수업을 마무리해야겠네요. 오늘 배운 내용을 정리하면 전치사구는 '전치사+명사어 자리'의 형태를 가지는 수식어구로 사용된다. 첫째는 명사를 수식하여 형용사구, 둘째는 형용사, 동사를 수식하여 부사구가 있다. 이렇게 정리하면 깔끔하겠네요.

원하나 오늘 자리 개념 덕분에 전치사구는 감을 잡은 것 같아요.

까꾸루쌤 그런데 형용사구, 부사구 복잡하게 생각하지 마시고 그냥 '전치사+명사어 자리'는 앞의 단어를 꾸며 주는 구라고 단순하게 이해하세요. 구성 형태가 명료하게 떨어지기 때문에 있는 문장에서 찾아내는 것은 어렵지 않아요. 단, 내가 직접 영작이나 회화와 같은 문장을 구상할 때는 적합한 전치사를 사용해야 하는데 이 부분은 차차 공부를 하고 관용적 활용이 익숙해지면 실력이 늘어날 거예요.

원하나 네. 오늘도 핵심 내용만 기억할게요.

까꾸루쌤 구에 대한 진짜 중요한 내용은 다음 시간에 공부하기로 하죠. 오늘 내용 복습 잘 하시고요.

원하나 네. 다음 수업도 너무 기대되네요.

동사는 여러 가지로 변형 중

까꾸루쌤 안녕하세요. 어머님, 날이 갈수록 에너지가 넘쳐 보여요.

원하나 까꾸루쌤 덕분에 저도 자신감이 생기니까 그런가 봐요.

까꾸루쌤 지난 시간에 배운 것은 기억 나세요? 영어의 구에 대해 이야기하다 보니 다룰 내용이 많아서 수업을 나누었어요.

원하나 네. 전치사구에 대해 배웠어요.

까꾸루쌤 맞습니다. 우리가 영어를 이해하고 활용할 때 실제로 의미 있는 구는 크게 두 가지가 있다고 했죠. 그 중 하나가 지난 시간에 배운 전치사구였고요.

원하나 네. 자리의 개념으로 이해하는 것 중심으로 복습했어요.

까꾸루쌤 그렇다고 구가 딱 두 가지만 의미가 있다 이렇게 단정 짓지는 마시고요. 자세하게 공부하면 많은 중요한 형태들이 나오지만 우리는 지금 영어의 틀을 이해하는 것이 중요해요.

원 하 나 네. 까꾸루쌤 덕분에 영어를 이해 중심으로 배울 수 있어서 너무 좋아요.

까꾸루쌤 자, 영어에서 가장 많이 쓰이면서 중요한 구의 형태는 동사를 활용한 거예요. 동사를 활용한 구보다는 변형된 동사를 활용한 구라는 표현이 좀 더 정확하겠네요.

원 하 나 단순한 문장으로 정리하니까 머릿속에 잘 들어오네요.

까꾸루쌤 그리고 변형된 동사를 문법 용어에서는 '준동사'라고 해요. 화면 봐주시겠어요?

〈준동사의 종류〉

1. to부정사
2. 동명사
3. 분사 (1) 현재분사 (2) 과거분사

까꾸루쌤 이 4가지 준동사를 활용한 구들이 영어에서 가장 많이 쓰이면서 중요하기 때문에 까꾸루 영작문에서는 영어에서 구의 정의를 '구는 동사'라고 단순화한 거예요.

원하나 그럼 영어의 구는 to부정사, 동명사, 현재분사, 과거분사만 외우면 끝나겠네요?

까꾸루쌤 저도 그러면 좋겠지만 그렇게 단순하지 않아요.

원하나 4개인데 단순하지가 않다고요?

준동사구의 함정 피하는 법

까꾸루쌤 네. 오늘 다룰 '준동사구'는 전 수업보다는 많이 복잡해요. 전치사구는 전치사+명사어 자리로 형태도 명료하고 수식어구로 역할도 단순한데 준동사구는 그렇지 않아요. to부정사, 동명사, 현재분사, 과거분사의 용법 등 외우는 건 암기하면 별 문제가 되지 않는데, 막상 이걸 문장에서 구분해 보라고 하면 쉽게 뚝딱뚝딱하는 학생들이 많지 않아요. 왜냐하면 준동사들은 생긴 모습, 즉 형식은 똑같은데 각각 다른 용법으로 쓰이고 해석도 그에 따라 달라지거든요. '구는 동사다'라는 정의에 해당하는 준동사를 활용한 구에 대한 분별과 이해는 영어의 구조와 원리를 이해하는 아주 중요한 핵심이에요.

원하나 조금 어렵네요. 좀 더 자세하게 설명해 주세요.

까꾸루쌤 제가 지난 수업시간에 문제 하나 냈었잖아요. 다시 볼까요?

(1) Playing tennis with my boyfriend is my favorite weekend activity.
남자친구와 같이 테니스 치는 것은 내가 주말에 가장 좋아하는 활동입니다.

(2) The girl sitting on the bench is my sister.
벤치에 앉아있는 소녀는 내 (여)동생입니다.

(3) A hurricane struck the city, leaving thousands of people homeless.
허리케인이 그 도시를 강타하여 수천 명의 사람들이 집을 잃었습니다.

까꾸루쌤 이 세 가지 문장에서 분사 구문이 쓰인 문장은 뭘까요? 그리고 보니 지난 시간에 답을 말씀 안 하셨네요. 어머님. 답이 뭐예요?

원하나 쌤, 세 문장 모두 동사ing 형태로 쓰인 부분이 있어서 구인 것 같은데 뭐가 뭔지는 잘 모르겠어요.

까꾸루쌤 분사구문이 쓰인 문장은 바로 3번 문장이에요. leaving

thousands of people homeless가 앞 문장에 대하여 부가설명을 하고 있죠. 그런데 문제에 나온 문장에 있는 준동사들의 공통적인 형식이 어떻게 되어 있나요?

원하나 동사원형+ing 형식의 준동사가 모두 있는 것 같아요.

까꾸루쌤 네. 우리 학교 다닐 때 '동사원형+ing'를 선생님에 따라서 'R+ing' 혹은 '동사ing'로 간단하게 배웠잖아요. 우리는 지금부터 '동사ing'로 통일하겠습니다.

원하나 네, 동사ing.

까꾸루쌤 준동사의 종류 4가지는 무엇이었죠?

원하나 to부정사, 동명사, 현재분사, 과거분사예요.

까꾸루쌤 그럼 각 문장의 동사ing가 어떤 준동사로 쓰였는지 설명해주시겠어요?

원하나 쌤, 이런 세부적인 건 외운지 너무 오래돼서 까먹었어요. 거기까지는 잘 모르겠어요.

까꾸루쌤 영어의 핵심 프레임은 분명한 주체와 행동이 반드시 표현이 되어야 한다는 내용 기억 나시죠? 그래서 영어에서는 주어+동사는 쌍으로 붙어 다니는 척추라 설명했어요.

원하나 네. 기억나요.

문장의 주인은 정동사

까꾸루쌤 그래서 영어 문장을 읽으실 때는 문장의 주어+동사를 먼저 파악하셔야 해요. 이 주어+동사 핵심 프레임에 쓰이는 동사를 문법적 용어로는 '정동사'라 합니다. 주어의 동작이나 상태를 서술해 주는 동사를 의미하죠. 제가 전에 동사가 문장의 주인이라고 했잖아요. 정확하게 말하면 정동사가 문장의 주인이에요. 그래서 문장 안에서는 주인이 딱 한 개 즉, 정동사가 한 개만 있어야 해요. 따라해 보세요.

원 하 나 정동사는 딱 한 개만 있어야 한다.

까꾸루쌤 반면에 '구는 동사다'라는 정의를 만들어 주게 한 변형된 동사를 문법 용어에서는 '준동사'라 했죠.

원 하 나 정동사와 준동사.

까꾸루쌤 자, 다시 1번 문장에 집중해 볼까요? 'Playing tennis with my boyfriend is my favorite weekend activity'의 핵심 프레임인 주어와 동사부터 파악해 봅시다. 주어가 뭐고 동사가 뭐죠?

원 하 나 동사가 is인 건 확실한데 주어가 좀 헷갈려요.

까꾸루쌤 어렵게 생각하지 마세요. 주어는 우리말 조사 '은, 는, 이,

가'로 해석되는 부분이라 편하게 생각하세요.

원하나 '남자친구와 테니스 치는 것은'이니까 playing tennis with my boyfriend가 주어겠네요.

까꾸루쌤 맞습니다. 그 준동사구 전체가 주어예요. playing은 구를 만들기 위한 변형된 동사, 준동사이고요. 자, 이 동사구는 문장성분이 주어였잖아요. 주어는 무슨 자리다?

원하나 명사어 자리요.

까꾸루쌤 빙고. 명사구에 쓰이는 동사ing 형태의 준동사를 우리는 학교에서 '동명사'라고 배웠죠. 동명사라는 문법적 용어보다는 동사구가 어떤 자리에서 어떤 역할을 하고 있는지 알고 있는 것이 더 중요해요.

원하나 이렇게 자리로 문장을 파악하니까 전체적인 시야가 확 트이는 느낌이 들어요.

까꾸루쌤 나머지 문장을 같이 보시면 더 확실해질 거예요. 'The girl sitting on the bench is my sister'라는 문장의 주어와 동사는 무엇이죠?

원하나 주어는 '벤치에 앉아있는 그 소녀는'이니까 the girl sitting on the bench이고요, 동사는 is예요.

까꾸루쌤 맞아요. 그럼 이 문장에서 준동사는 뭐죠?

원하나 준동사는 sitting이에요.

까꾸루쌤 the girl sitting on the bench가 주어니깐 명사어 자리… 그럼 sitting on the bench는 명사구인가요?

원하나 어, 자리로 보면 명사구 같은데 아닌 것도 같아요. 후. 이제 슬슬 머리가 아프려고 하네요.

까꾸루쌤 자, 천천히 생각해 보세요. 2번 문장의 주어는 the girl sitting on the bench가 아니라 the girl입니다. sitting on the bench는 앞의 girl을 꾸며주는 형용사어 자리예요. 그럼 sitting on the bench는 무슨 구일까요?

원하나 명사를 수식하는 형용사구이겠네요.

까꾸루쌤 맞아요. 2번 문장은 형용사어 자리에 쓰이는 형용사구예요. 명사구에 쓰이는 동사ing 형태의 준동사를 우리는 학교에서 '현재분사'라고 배웠죠. 이번 문장에서 확실하게 느끼셨나요? 현재분사라는 문법적 용어보다는 준동사가 어떤 자리에 어떤 역할을 하고 있는지 알고 있는 것이 더 중요해요.

원하나 그렇네요. 자리를 헷갈리면 해석도 틀리기 십상이겠어요.

까꾸루쌤 참고로 1번 문장의 경우에도 주어가 playing tennis with my boyfriend가 아닌 명사구 playing tennis였어요. with my boyfriend는 앞의 명사어 자리의 명사구 playing tennis

를 꾸며주는 전치사구였죠. 전치사구는 앞부분을 꾸며 주는 수식어구라 했잖아요. 여기서는 형용사구이겠네요.

원하나 와… 쉽다고 생각하는 문장도 자리를 정확하게 봐야겠어요. 그런데 점점 재미있어지는데요.

까꾸루쌤 이제 마지막 3번 문장을 볼까요? 3번의 주어와 동사가 무엇인가요?

원하나 주어는 a hurricane, 동사는 struck이에요.

까꾸루쌤 맞습니다. 이 문장은 A hurricane struck the city까지 문장이 완결될 수 있는데 leaving thousands of people homeless가 앞의 문장 전체에 대한 부가 설명을 하죠. 3번 문장의 leaving thousands of people homeless는 부사어 자리에 쓰인 부사구입니다. 부사구에 쓰이는 준동사구를 문법에서는 '분사구문'이라고 해요.

원하나 아~ 분사구문을 들어는 봤는데 이렇게 쓰이는 군요.

까꾸루쌤 자리가 의미이고 의미가 문법이에요. 그래서 동명사, 현재분사, 분사구문 이런 문법적 용어를 모른다고 해도 자리와 의미만 알면 문장을 제대로 이해할 수 있는 거죠.

원하나 까꾸루쌤이 한 달간 영어의 구조와 원리를 이해할 수 있다고 말씀하신 뜻이 무엇인지 이제 이해가 가기 시작했어요.

까꾸루쌤 방금 풀어 보았던 문장을 다시 한 번 보면, 셋 다 동명사ing인데 1번은 동명사, 2번은 현재분사, 3번은 분사구문이죠. 우리 학교 교과과정이 그래요. 중학교 때는 동사ing가 동명사래요. 그럼 아이들이 동명사, 동명사하고 외울 거 아니에요. 그런데 고등학교에 올라갔더니 갑자기 동사ing가 현재분사래요. 그럼 막 헷갈리잖아요. 이게 동명사인지 현재분사인지. 어쨌거나 현재분사하고 외우겠죠. 그런데 또 나중이 되니깐 동사ing가 분사구문이라 하네요. 자, 그럼 동사ing 형태의 준동사를 자리에 따라서 구분을 해 주면 다음과 같아요.

준동사 동사ing (동사원형+ing)를 활용한 구	자리 (품사의 관점)	역할(의미)	문법용어
	명사어 자리	주어, 목적어, 보어	동명사
	형용사어 자리	명사수식	현재분사
	부사어 자리	그 외	분사구문

까꾸루쌤 오늘 자리 하나로 동사ing 준동사구는 중, 고등학교 6년짜리 공부를 다 한 겁니다.

원 하 나　완전 대박이네요. 10년 넘게 영어 교재와 교과서를 봤는데 까꾸루쌤을 만나서 제대로 된 영어를 배우는 것 같아요.

까꾸루쌤　감사합니다. 오늘 선물은 '구는 동사다' 전체를 표로 정리해 드릴게요.

<구는 동사다>

자리 → 구 (품사의 관점)	역할	형태	문법용어
명사어 자리 → 명사구	주어, 목적어, 보어	to 동사원형	to부정사 (명사적)
		동사원형 + ing	동명사
		동사ed(과거분사형)	-
형용사어 자리 → 형용사구	명사수식	to 동사원형	to부정사 (형용사적)
		동사원형 + ing	현재분사
		동사ed(과거분사형)	과거분사
부사어 자리 → 형용사구	그 외	to 동사원형	to부정사 (부사적)
		동사원형 + ing	분사구문
		동사ed(과거분사형)	분사구문

까꾸루쌤　그런데 이거 부광이에게 설명할 수 있으시겠어요?

원 하 나 글쎄요. 도저히 힘들 듯 한데요.

까꾸루쌤 우선 어머님이 오늘 배운 걸 완벽하게 이해한다는 점에 초점을 맞추시고 부광이 가르치다 안 되겠다 싶으시면 그냥 오셔도 됩니다.

원 하 나 휴, 다행이네요. 오늘도 수고 많으셨습니다.

구는 '토르의 빨간 링'이다

까꾸루쌤 어머님, 안녕하세요. 지난 시간에 배운 것 부광이한테 설명이 잘 되던가요?

원 하 나 아니요. 열심히 복습해서 제 머릿속에 이해는 되었는데 부광이한테 이해시키는 데는 한계가 있더라고요.

까꾸루쌤 괜찮습니다. 가르치려 노력하면서 어머님의 이해도가 높아진 것만으로도 의미가 있어요.

원 하 나 저도 그렇게 생각하면서도 한편으로는 아쉬워요. 부광이가 6년 치 개념을 한 번에 이해할 수 있는 건데.

까꾸루쌤 걱정하지 마세요. 나중에 저희가 학원에서 시기에 맞추어 가르칠 거니까요. 대신 아이를 가르칠 때 유용한 작은 '꿀팁'

을 하나 드릴까요?

원 하 나 꿀팁이요? 네, 지금 저한테 정말 유용할 것 같아요.

아이에게는 이해를 돕는 연상 암기법으로

까꾸루쌤 어려운 개념을 설명할 때는 아이들의 눈높이에 맞추어서 아이들이 익숙한 언어로 설명하면 아이들이 친숙하게 받아들이고 이해도도 높아져요.

원 하 나 쉽지는 않겠네요. 눈높이 맞추는 것도 만만하지 않고 걔네들의 언어는 더욱 쉽지 않고.

까꾸루쌤 '구는 동사다'로 설명해 볼까요? 여기서 말하는 동사는 준동사라 했고 형태로만 보면 to+동사원형, 동사원형+ing, 동사원형ed(과거분사형) 이렇게 3가지가 있다고 했잖아요. 복습 열심히 하셨으니까 기억나시죠?

원 하 나 네. 기억나요.

까꾸루쌤 이 3가지 준동사의 형태를 아이들이 좋아할 만한 언어로 바꾸어 볼게요. 우리 학교 다닐 때 선생님에 따라서 동사원형을 root(뿌리)라 표현하는 분이 있고 이 root를 간단하게 표현하기 위해서 대문자 R로 표현하는 분들이 있었어요. 혹시 어머님도 이런 식으로 가르치는 선생님이 있었나요?

원하나 네. 중학교 때 영어 선생님들이 주로 이렇게 표현했던 거 같아요.

까꾸루쌤 결국 '동사원형은 R'이라는 의미잖아요. 그럼 우리 준동사 형태를 배웠던 것에서 동사원형을 R로 다 바꿔 볼게요. 'to+동사원형'은 'to+R'이 되고 이걸 그냥 붙여 볼게요. 'toR' 한 번 읽어 보시겠어요?

원하나 t… o… r… 토르?

까꾸루쌤 맞아요. to+동사원형은 '토르'예요.

원하나 호호호. 재미있네요.

까꾸루쌤 이런 식으로 나머지도 차례로 바꾸어 볼게요. '동사원형+ing'은 'R+ing'이어서 '링'이 되고, '동사원형ed(과거분사형)'는 'Red'로 바꾸어 쓰면 '레드'죠. 즉 '빨강'이 되겠네요. 토르, 링, 빨강으로 문장을 만들어 보면 '토르의 빨간 링이다'라고 할 수 있어요.

원하나 까꾸루쌤은 정말 천재인 거 같아요.

까꾸루쌤 아니에요. 저도 영어를 잘 못하니까 초보자의 눈높이에 맞추어 설명하려고 연구하는 거예요. 그런데 뭐가 '토르의 빨간 링이다'라고요?

원 하 나 신기해서 웃다 보니까 깜빡했네요.

까꾸루쌤 '구는 동사다'의 3가지 표현법을 이렇게 바꾼 거예요. 그러니깐 결국 구는 '토르(to+동사원형)의 빨간(동사원형ed) 링(동사원형+ing)이다'예요. 절대 안 까먹겠죠?

원 하 나 네. 절대 까먹지 않을 것 같아요. 특히 아이들은.

까꾸루쌤 이런 방법을 연상 암기법이라고 해요. 나중에 부광이 가르칠 때도 꼭 써먹어 보시기 바랍니다. 이렇게 배운 것을 가르치기 위해서 공부하다 보면 결국 가르치는 사람이 가장 많이 배우게 돼요. 어머님, '메타인지 학습법'이라고 들어 보신 적 있나요?

원 하 나 네. 요즘 광고에도 나오더라고요.

까꾸루쌤 메타인지 학습법의 가장 대표적인 방법이 가르쳐 보는 거예요. 저의 학습 철학인 잘해서 가르치는 것이 아니라 가르치다 보니 실력이 느는 것과 일맥상통하는 이야기죠.

원 하 나 맞아요. 제가 요즘 직접 경험하니 정말 공감 돼요.

까꾸루쌤 자, 지난 주에는 구에 대해서 배웠잖아요. 그게 전부가 아니에요. 우리가 한 달 동안 배우는 건 공부가 아닌 노하우니까요. 우리가 한 달 동안 영작문의 노하우를 익히는 것과 기존에 문법 공부를 하고 영작문을 하는 것은 이런 차이가 있어요. 영어의 핵심 개념인 자리의 이해를 통해서 영어의 구조와 원리를 이해하는 것이 목표예요. 영어의 구조와 원리를 알고 영어의 문법 등을 암기하는 것과 그냥 암기하는 것은 천지차이라는 것을 이해하세요.

까꾸루쌤의 특급 비밀

자리를 알면 구조는 끝

원! 우리말은 '주어-목적어-동사'의 순서, 영어는 '주어-동사-목적어'의 순서이다.

· **로미오**(주어)**는 줄리엣**(목적어)**을 사랑한다**(동사).

· Romeo(주어) loves(동사) Juliet(목적어).

투! 영어의 핵심 개념은 자리! 영어는 자리가 문장성분을 결정한다! 사용한 단어는 그대로지만, 위치가 바뀌면 문장성분도 바뀐다.

· Romeo loves Juliet. → Juliet loves Romeo.

· S(주어) V(동사) O(목적어) → S(주어) V(동사) O(목적어)

쓰리! 4가지 자리는 명사어 자리, 형용사어 자리, 부사어 자리, 서술어 자리가 있다. 문법적 용어를 따지기보다 문장성분과 자리를 보면서 구의 의미와 역할을 알 수 있다. 곧, 자리=의미=문법이다.

· **너와 나는**(명사어 자리) / **하나다.**(서술어 자리)

· You and I(명사어 자리) / are(서술어 자리) / one(형용사어 자리).

· **그는** (명사어 자리) /**행복하게**(부사어 자리) / **웃는다**(서술어 자리).

· He(명사어 자리) / smiles(서술어 자리) / happily(부사어 자리).

포! 영어 문장에서 동사가 없는 글은 문장이 될 수 없다. 문장성분을 알 수 없는 그냥 단어의 나열일 뿐이다.

· Romeo loves Juliet. (O)

· Romeo Juliet. (X)

파이브! '구는 동사다'를 만들어 주게 한 변형된 동사는 '준동사'이다. 준동사의 종류는 1. to부정사 2. 동명사 3. 분사 ⑴현재분사 ⑵과거분사가 있다. 분사는 형태로만 보면 1. to+동사원형, 2. 동사원형+ing 3.동사원형ed(과거분사형)이다.

· to **부정사**(to+동사원형): To love is important. / I am happy to love.

· **동명사**(동사원형+ing): Eating is important. / I like Eating.

· **분사**(현재분사, 과거분사): My love is crying. / My love is broken.

영알못 엄마는 영어고수로 탈바꿈ing

영어고수 엄마로 첫걸음

까꾸루쌤 오늘은 간단한 문장을 통해 지난 시간에 배운 내용을 복습하고 간단한 영작 실습을 하나 해 볼까 해요. 복습은 잘 해 오셨죠?

원 하 나 나름대로 열심히 했어요. 확실히 외워야 한다는 부담보다 가르치기 위해서 더 열심히 공부하게 되네요.

까꾸루쌤 공부가 아니라 노하우예요.

원 하 나 아차, 노하우요.

까꾸루쌤 자, 오늘은 간단한 3개의 예문을 보여드릴 테니 우선 자리 중심으로 분별하면서 설명해 보세요.

(1) Learning English is happy.
영어를 배우는 것은 행복하다.

(2) The man learning English is happy.
영어를 배우는 남자는 행복하다.

(3) The man is happy learning English.
그 남자는 영어를 배우는 것이 행복하다.

원 하 나 1번 문장은 주어가 learning English이고 동사는 is예요. 주어는 명사어 자리니까 learning English는 명사구이고요.

까꾸루쌤 와~ 빙고. 문법적 용어는 뭐죠?

원 하 나 명사어 자리에 쓰이는 동사ing는 동명사지요.

까꾸루쌤 굿 잡! 굿 잡! 2번 문장도 해 보시겠어요?

원 하 나 2번 문장은 주어가 the man이고 동사는 is예요. learning English가 the man을 꾸며 주니까 형용사어 자리이고 형용사구고요.

까꾸루쌤 뭐, 제가 추가로 설명할 게 없네요. 문법적 용어는 뭐였죠?

원 하 나 형용사어 자리에 쓰이는 동사ing는 현재분사예요.

까꾸루쌤 대박~ 대박~ 마지막 문장은요?

원 하 나 3번은 주어+동사 핵심 프레임이 완결된 문장 뒤에 부가적으로 설명하는 자리니까 부사어 자리이고 부사구예요. 문법적 용어로는 분사구문이라 하셨고요. 헉, 저 너무 잘하는데요?

까꾸루쌤 그러니까요! 구는 이제 하산하셔도 되겠네요. 아마 남편보다 적어도 구는 훨씬 잘하실 거예요.

원하나 호호호. 남편한테 자랑해야겠어요.

까꾸루쌤 어머님이 이해를 잘하고 있으신 거 같으니 제가 좋아하는 명언 하나를 한 번 영작해 볼까요? 앞으로 나와서 제가 먼저 한국어로 칠판에 적으면, 그 옆에 직접 써 볼게요.

원하나 수업 시간에 영작은 처음이라 긴장이 되는데요.

영작이 어려울 땐 정동사부터 찾기

까꾸루쌤 '새로운 친구들을 만드는 것이 반드시 오래된 친구들을 잃는다는 것을 의미하지 않는다'라는 문장을 영작해 보세요.

원하나 쌤, 너무 어려워요.

까꾸루쌤 아니에요. 우리가 지금까지 배운 대로 차근차근 순서대로 하면 어렵지 않을 거예요. 제가 도와드릴게요.

원하나 도무지 어디서부터 시작할지 감이 잡히질 않네요.

까꾸루쌤 우선 한국어로 주어+동사의 핵심 프레임부터 찾아볼까요? 꿀팁을 알려 드리면 한국어에서 핵심 프레임의 동사 즉, 정동사를 찾는 것은 너무 쉬워요. 무조건 맨 뒤에 위치하기 때문이죠.

원하나 그럼 동사는 '반드시 의미하지 않는다'겠네요.

까꾸루쌤 오케이. 그럼 주어는 무엇일까요? 주어는 우리말에서 조사 '은, 는, 이, 가'가 붙는다고 했죠.

원하나 아~ '새로운 친구들을 만드는 것'이 주어겠네요.

까꾸루쌤 오케이. '오래된 친구들을 잃는다는 것을'은 목적어예요. 조사 '을, 를'이 붙으니까요.

원하나 주어+동사도 찾았고 목적어도 찾았는데 막상 영작을 하려니까 만만치가 않네요.

까꾸루쌤 바로 영작을 할 생각을 하지 마시고 일단 영어의 어순으로 맞추어 보는 거예요. 사실 이 정도까지만 해도 영작의 절반 이상은 했다고 보셔도 무방해요. 왜냐하면 영어의 구조와 원리를 이해한 것이니까요. 먼저 우리말을 가지고 영어의 어순으로 맞추어 보시겠어요?

원하나 한번 해 볼게요. 주어는 '새로운 친구들을 만드는 것', 동사는 '반드시 의미하지 않는다'고요. 목적어는… '오래된 친구들을 잃는다는 것', 맞나요?

까꾸루쌤 굿. 잘하셨어요. 그럼 이제 문장성분을 하나씩 영어로 바꾸어 볼까요? 동사 부분은 좀 어려우니까 제가 할게요.

까꾸루쌤이 동사 부분에 해당하는 영어를 쓰고 나니, 제가 영작할 자리는 주어와 목적어 자리가 남았습니다.

원 하 나 주어와 목적어는 제가 해 볼게요.

(주어) 새로운 친구들을 만드는 것 → make new friends
(동사) 반드시 의미하지 않는다 → shouldn't mean
(목적어) 오래된 친구들을 잃는다는 것 → lose new friends

까꾸루쌤 잘하셨어요. 그럼 영어로 바꾼 세 개의 부분을 한 번 결합해 볼까요?

원 하 나 make new friends shouldn't mean lose new friends.

까꾸루쌤 좋아요. 그런데 이 문장이 맞나요?

원하나 아니요. 동사가 너무 많아요. 주어+동사의 핵심 프레임이 만들어지지 않았어요. 어렵네요.

까꾸루쌤 괜찮아요. 지금은 과정이니까요. 수학 문제에서 풀이과정을 차례차례 쓰는 것과 같아요. 영작을 통해 독해에 대한 이해가 깊어질 수 있어요. 이제 자리를 다시 생각하면 돼요.

(주어) 새로운 친구들을 만드는 것 → make new friends
(목적어) 오래된 친구들을 잃는다는 것 → lose new friends

까꾸루쌤 주어와 목적어는 무슨 자리라고 했죠?

원하나 명사어 자리요.

까꾸루쌤 명사어 자리에 동사가 보이네요. 전에 배운 내용 기억나시죠? 준동사를 활용해서 명사어 자리에 들어갈 명사구를 만들어 주면 돼요. 구의 형태는 to 동사원형, 동사원형+ing, 동사 ed. 명사구는 어떤 게 활용 가능하죠?

원하나 동명사하고 to부정사(명사적)요.

까꾸루쌤 맞아요. 이제 최종적으로 써 보시죠.

Making new friends shouldn't mean losing new friends.
To make new friends shouldn't mean to lose new friends.

까꾸루쌤 잘하셨어요. 세부적인 문법이나 관용적인 표현을 세세하게 따지면 동명사만 사용되는 경우, to부정사만 사용되는 경우가 있어요. 하지만 지금 익힐 노하우는 이런 세세한 것들이 아닌 자리의 이해를 통한 영어의 핵심 구조를 이해하는 것이기 때문에 두 문장 모두 맞아요. 두려움을 갖기보다 우선 자신 있게 하세요.

원하나 감사합니다. 영어의 자리를 이해하고 순서대로 하나하나 써 보니까 영작을 해석하는 눈도 길러질 수 있다는 말씀이 무슨 말인지 납득이 가네요.

까꾸루쌤 네. 이렇게 이해 중심으로 노하우를 먼저 익히고 난 다음에 세세하게 공부하는 게 저의 공부법의 핵심이에요. 오늘 영작을 연습한 명언의 원문은 이거예요. "Making new friends shouldn't mean losing old ones" 이 문장처럼 어머님에게 까꾸루 영작문이 좋은 친구가 되었으면 좋겠습니다.

비틀즈의 Let It Be, 양희은의 그러라 그래

까꾸루쌤 어머님, 안녕하세요. 오늘 수업은 가볍게 K-POP 이야기로 시작해 볼까요? 혹시 BTS 좋아하세요?

원 하 나 네, 빌보드 1등도 하고 미국 음악상도 받고 하는 뉴스들 보면 자랑스럽더라고요.

까꾸루쌤 저도 그래요. 저 학교 다닐 때는 뉴 키즈 온 더 블록이 세계를 휩쓸고 다녔는데 우리나라 아이돌이 그런 위치에 있는 걸 보니 정말 격세지감이 느껴집니다. 어머님도 뉴 키즈 온 더 블록 아시죠?

원 하 나 모른다고 하고 싶어요. 안다고 하면 옛날 사람 같이 보일 것 같아요.

까꾸루쌤 하하. 예전에는 상상도 못했던 일들이 벌어지고 있어요. 정말 대단해요. 외국에서는 BTS를 21세기 비틀즈라 한다고 하더라고요. 어머님, 비틀즈의 유명한 노래 중에서 'Let it be'라고 있잖아요. 제목을 해석해 보시겠어요?

원 하 나 이건 정말 해석하기 힘든 거 같아요. 어려운 단어는 하나도 없는데 잘 모르겠어요.

까꾸루쌤 저도 어렸을 때 '그대로 두어라' 이렇게 해석한 걸 봤는데 뭔가 어색하고 와닿지도 않았어요. 그런데 몇 년 전에 가수 양희은 씨가 평소에 자주 쓰는 말을 듣고 이런 어감이 아닐까 생각이 들더라고요.

원 하 나 양희은 씨가 평소에 자주 쓰는 말이요?

까꾸루쌤 "그럴 수 있어… 그러라 그래!" 이 말인데요. 바로 이런 어감이 아닐까 싶어요.

원 하 나 말씀을 듣고 보니 진짜 제대로 와닿네요.

까꾸루쌤 오늘 본격적으로 수업하기 전에 뜬금없이 BTS에서 뉴 키즈 온 더 블록을 거쳐서 비틀즈와 양희은 씨 이야기까지 한 이유가 무엇일지 혹시 추리해 보시겠어요?

원 하 나 쌤, 재미있게 이야기하다가 갑자기 저한테 왜 이러시는 거예요.

까꾸루쌤 너무 어려웠나요? 하하하. 수업 전에 막간을 이용해서 수다를 떨었던 이유는 오늘은 'Be동사'에 대해서 이야기를 하려고 그런 거예요.

원하나 아, 그렇게 깊은 뜻이….

까꾸루쌤 Be동사는 개념은 엄청 많이 쓰이지만 우리나라 말에는 없는 품사라서 사실 개념을 잡기가 어렵죠. 오늘은 Be동사를 제 방식으로 풀어서 설명을 해 볼까 해요. 영어의 4가지 자리에 대한 설명을 했었던 수업에서 잠깐 다룬 내용인데 오늘 자세하게 이야기해 보도록 하죠.

Be동사는 상태, 성질, 존재를 설명하는 치트키다

원하나 네. Be동사는 익숙하면서도 막상 설명하라고 하면 잘 모르겠어요.

까꾸루쌤 우선 Be동사를 이해하기 위해서 앞에서 배웠던 영어 역할의 자리에 대해서 잠깐 복습할게요. 4가지 자리가 뭐가 있었죠?

원하나 명사어 자리, 형용사어 자리, 부사어 자리, 서술어 자리요.

까꾸루쌤 그런데 여기서 질문. 왜 제가 동사 자리라 하지 않고 서술어 자리라고 표현했을까요?

원하나 그러게요. 서술어면 그냥 동사라 표현할 수도 있는데.

까꾸루쌤 서술어는 단순히 동사로 한정 지을 수 없어요. 서술어는 문장 내 주체의 동작, 상태, 성질, 유개념(존재)을 설명하거나 혹은 서술하는 말이에요.

원하나 알 것도 같고 모르는 것도 같고 헷갈리네요.

까꾸루쌤 이해하기 쉽게 먼저 우리말로 설명할게요.

(1) 나는 학교에 갔다. → 동작
(2) 나는 소년이다. → 상태
(3) 나는 건강하다. → 성질
(4) 나는 여기 있다. → 유개념(존재)

까꾸루쌤 자, 1, 4번 문장은 동사가 서술어잖아요. 그런데 2, 3번은 서술어가 동사가 아니에요. 전에도 한 번 언급했었죠. 우리말 서술어의 특징인데 동사 외에도 명사, 형용사, 부사, 수사 등 다양한 품사에 '서술격 토씨'가 붙어서 서술어가 될 수 있다는 거예요. '서술격 토씨'의 대표적인 형태는 '~다, ~이다' 이죠.

원하나 설명을 듣고 보니 그렇네요. 너무 당연하게 쓰인 거라 품사 이런 거는 신경을 쓰지도 않았어요.

까꾸루쌤 이번에는 영어를 보면서 생각해 보자고요.

(1) 나는 학교에 갔다. → I go to school. → 동작
(2) 나는 소년이다. → I boy. → 상태
(3) 나는 건강하다. → I healthy. → 성질
(4) 나는 여기 있다. → I here. → 유개념(존재)

까꾸루쌤 자, 맞는 문장들인가요?

원하나 아니요. 2, 3, 4번 문장에 동사가 없어요.

까꾸루쌤 동사는 없지만 상태, 성질, 위치가 나타났는데요?

원하나 문제가 있는 것은 알겠는데 말로 설명하려니 답답하네요.

까꾸루쌤 전에 제가 영어는 주어+동사라는 핵심 프레임이 반드시 있어야 하는 언어라고 했어요. 그래서 Be동사는 상태, 성질, 유개념을 표현할 때 활용하는 유용한 도구로써 존재하는

일종의 치트키입니다.

원하나 조금만 더 설명해 주세요.

까꾸루쌤 전 Be동사를 이렇게 이해해요. 첫째, 영어는 주어+동사라는 핵심 프레임이 반드시 있어야 한다. 둘째, 상태, 성질, 유개념 등은 동사가 아닌 다른 품사로 표현되기 때문에 이때 활용할 수 있는 동사가 바로 Be동사이다. 그래서 'I boy'가 아니라 'I am a boy'이고 'I healthy'가 아니라 'I am healthy'이고 'I here'이 아니라 'I am here'가 되는 것이죠.

원하나 와, 학교 다닐 때는 제대로 설명 안 해주고 그냥 외우라고 해서 별 생각 없이 외웠거든요. 이렇게 우리말의 '서술격 조사'와 영어의 '주어+동사'를 이용해서 풀어 주시니까 Be동사의 개념이 제대로 이해가 되었어요.

까꾸루쌤 자, 그럼 간단한 문제를 내볼게요. 'I am healty'에서 서술어 자리가 뭔가요?

원하나 am? healthy?

까꾸루쌤 서술어 자리는 am healthy입니다. Be동사+형용사가 하나의 의미 단위로 서술어가 되는 것이죠. 그렇기 때문에 '동사 자리'가 아닌 '서술어 자리'라 표현한 것이고 서술어 자리에는 꼭 동사가 있어야 한다고 말한 거예요.

원 하 나 아, 그런 큰 그림이 있었던 거군요.

까꾸루쌤 이렇게 우리말의 서술격 토씨와 Be동사의 개념을 이해하고 있어야 우리말 명사 '~이다', 형용사 '~이다'의 문장이 나왔을 때 영어의 주어+동사 핵심 프레임을 활용하기 위해 자연스럽게 Be동사를 활용하여 영작을 하겠죠?

원 하 나 맞아요. 맹목적으로 외워서 하는 것과 정확하게 맥락을 이해하고 하는 것은 큰 차이가 있을 것 같아요.

까꾸루쌤 Be동사+형용사가 하나의 의미 단위로 서술어가 되는 맥락을 이해하면 Be동사+분사의 패턴의 개념 그리고 Be동사+형용사+전치사+명사어 자리의 패턴도 잘 이해하실 수 있어요. 이 부분은 기회가 되면 자세하게 다루도록 하죠.

원 하 나 네. 감사합니다. 기대가 되네요.

까꾸루쌤 오늘 수업은 여기서 마치겠습니다. 중요한 개념이었으니 집에 가서 부광이에게 직접 설명해 보세요. 직접 가르치는 것만큼 좋은 복습은 없으니까요.

내일은 Don't worry, Be happy

까꾸루쌤 어머님, 지난 시간에 배운 Be동사는 부광이에게 설명을 좀 해 보셨나요? 아직 학원 수업시간에 진도를 나가지는 않았어요.

원하나 최대한 쌤이 말씀하신 그대로 설명하니 그래도 느낌은 알아듣는 것 같더라고요.

까꾸루쌤 다행이네요. 오늘은 두 번째 영작 실습을 하려고 해요. 아마 지금까지 배운 내용이 모두 활용될 것 같아요.

원하나 후, 괜히 긴장되는데요.

까꾸루쌤 자, '부유하다는 것이 행복하다는 것을 의미하지 않는다'라는 문장을 영작해 볼게요. '부유한'이라는 뜻의 단어는

wealthy이고 '행복한'이라는 뜻의 단어는 happy이죠.

원하나 아, 만만하지 않네요.

까꾸루쌤 차근차근 해 보자고요. 우선 이 문장에 서술어가 무엇들이 있나요?

원하나 부유하다, 행복하다, 의미하지 않는다, 이렇게 세 가지요.

까꾸루쌤 이 세 개의 서술어 중에 무엇이 주어+동사의 핵심 프레임에 해당할까요?

원하나 의미하지 않는다?

까꾸루쌤 맞아요. 사실 우리말을 영작할 때 주어+동사 핵심 프레임의 서술어 자리를 찾는 것은 어렵지 않아요. 우리말에서 Main(주)서술어는 문장의 맨 뒤에 자리잡고 있기 때문이죠. 영어와 한국어의 어순이 거꾸로이기 때문에 한국말은 끝까지 들어야 한다는 이유가 여기에 있는 것이죠.

우리말로 S-V-O 순서로 먼저 배치해 보기

원하나 그렇네요. 그런 측면에서 우리말은 중요한 서술어를 찾는 건 너무나 쉽네요.

까꾸루쌤 반면에 영어는 Main 서술어를 찾기가 만만치 않은 경우가 많아요. 중문이나 복문의 구조를 갖는 문장의 경우에 동사가 여러 개 등장하니까요. 주어+동사라는 핵심 프레임이 단순하다고 생각할 수 있지만 절대로 단순한 문제가 아닌 거예요.

원 하 나 맞아요. 그래서 학교 다닐 때 긴 문장 해석하는 게 어려워서 '영포자'의 길로 빠져들기 시작한 것 같아요.

까꾸루쌤 자, 그럼 영작 연습을 계속해 볼게요. '부유하다는 것이 행복하다는 것을 의미하지 않는다'에서 먼저 '의미하지 않는다'가 맨 뒤에 위치하고 있으니 서술어라고 했죠. '부유하다는 것이'가 '은, 는, 이, 가' 조사가 붙으니 주어, '행복하다는 것을'이 조사 '을, 를'이 붙으니 목적어네요. 영어 어순인 S-V-O로 배치해 볼까요? 우선 한글로.

원 하 나 먼저 주어는 '부유하다는 것', 동사는 '의미하지 않는다' 그리고 목적어가 '행복하다는 것'. 맞죠?

까꾸루쌤 잘하셨어요. 우선 이렇게 영어의 어순대로 배치를 끝낸 것만 해도 문장의 구조로 만들었기 때문에 절반 이상 마친 거라 생각하시면 돼요. 그런데 wealthy와 happy 둘 다 상태를 보여 주는 형용사죠. 이것을 서술어로 만들어 주기 위해서 어떻게 해야 한다고 했죠?

원 하 나 Be동사?

까꾸루쌤 맞아요. 우리말의 경우에는 서술격 조사만 붙여주면 되는데 영어의 경우에는 이럴 때 Be동사가 붙는다고 오늘 배웠죠. 그래서 '부유하다'는 be wealthy가 되고 '행복하다'는 be happy가 되겠죠. 그럼 우리말로 순서를 맞추어 준 것을 영어로 옮겨볼게요.

(주어)부유하다는 것 (동사)의미하지 않는다 (목적어)행복하다는 것
(주어)be wealthy (동사) don't mean (목적어) be happy
→ Be wealthy don't mean be happy.

까꾸루쌤 이렇게 되겠네요. 이 문장이 맞나요?

원 하 나 아니요. 틀려요. 동사가 너무 많아요.

까꾸루쌤 맞아요. 영어 문장에 정동사는 1개라고 했어요. 정동사는 뭐라고 했죠?

원 하 나 아, 정동사는 문장의 주인이에요.

까꾸루쌤 맞습니다. be wealthy는 주어, be happy는 목적어이죠. 주

어와 목적어는 명사어 자리가 위치하는 문장성분이라고 했어요. 이때 영어 역할의 자리를 방법 3가지가 뭐였죠?

원하나 단어, 구, 절이요.

까꾸루쌤 빙고. 그리고 동사하면 떠오르는 자리를 채우는 방법이 있을 거예요. 그래서 be wealthy는 주어, be happy는 준동사를 이용한 명사구로 만들죠. 이제 문장을 완성해 볼까요?

원하나 'Being wealthy don't mean Being happy' 혹은 'To be wealthy don't mean to be happy'가 되겠네요!

까꾸루쌤 잘하셨어요. 이렇게 해놓고 인칭, 수, 성, 격 등의 일치 여부와 같은 문법적인 부분, 어떤 (준)동사구가 관용적으로 사용되는가 등을 확인하면 정확한 문장이 되겠죠. 문법적인 부분을 손 봐줘서 'Being wealthy doesn't mean Being happy'라는 문장으로 마무리하겠습니다.

원하나 그런 세세한 것까지 확인한다고 하니까 또 어려워요.

까꾸루쌤 복잡하게 생각하지 마세요. 우선 이렇게 영작의 순서와 자리를 통해 적합한 문장성분과 의미를 완성해 나가면 한 달간의 영어의 기초 체력을 키우는 것으로 충분한 거예요.

까꾸루쌤은 믿을 수 있는 사람이었어

까꾸루쌤 안녕하세요. 오늘은 영어에 '절'의 활용에 대해서 같이 알아보기로 하죠. 절까지 공부하면 까꾸루 영작문 노하우로 한 달간 영어 기초 체력 키우기 훈련은 마무리되겠군요.

원하나 정말요? 엇그제 시작한 거 같은데 벌써 한 달이 지났네요.

까꾸루쌤 핵심만 복습할게요. 영어 역할의 자리 4가지가 뭐였죠?

원하나 명사어 자리, 형용사어 자리, 부사어 자리, 서술어 자리요.

까꾸루쌤 맞아요. 이 자리를 채우는 세 가지 방법은 뭐였죠?

원하나 단어, 구, 절입니다.

까꾸루쌤 맞아요. 그리고 '구는 동사다' 기억나시죠? 준동사를 활용해 구를 만들 수 있다고 했죠. 구의 형태는 to 동사원형, 동사원형+ing, 동사 ed, 이 세 개만 기억하면 된다고 했어요.

원 하 나 네. 다 기억이 나네요.

절은 주어+동사다

까꾸루쌤 절은 무엇일까요?

원 하 나 접속사와 함께 있는 부분 아니었나요?

까꾸루쌤 절은 주어+동사의 완전한 문장의 형태를 지닌 단어가 모여서 하나의 품사 역할을 하는 거예요. 좀 난해하지만 자리의 개념으로 이해하면 쉬워요. 명사어 자리, 형용사어 자리, 부사어 자리를 채우는 방법이 단어, 구, 절이라 했죠. 단어는 그냥 각 자리에 명사, 형용사, 부사를 쓰면 되고요.

원 하 나 네! 구로 채울 때는 각 자리에 명사구, 형용사구, 부사구를 쓰면 되는 거죠?

까꾸루쌤 맞아요. 절로 채울 때는 각 자리에 명사절, 형용사절, 부사절을 쓰면 돼요. 우리는 앞으로 기억하게 쉽게 절의 정의를 '절은 주어+동사다'라고 할게요. 절은 뭐라고요?

원 하 나 절은 주어+동사다.

까꾸루쌤 주어+동사의 핵심 프레임을 갖춘 온전한 문장의 형태를 지닌 상태에서 각각의 자리를 채우기 때문이죠. 그런데 주어+동사의 핵심 프레임은 문장 자체의 구성 양식이잖아요. 그래서 절은 자리를 채우는 역할을 하는 것을 보여 주기 위해서 주어+동사 앞에 접속사, 의문사, 관계사 등이 붙죠. 절을 만들기 위해 주어+동사 앞에 붙는 단어는 다양한데 우리는 일단 'that'과 'wh-'만 기억하도록 할게요.

원하나 또다시 머리가 아프려고 하는데요, 쌤.

까꾸루쌤 절의 형태는 첫째는 that+주어+동사, 둘째는 wh-+주어+동사라고 생각하시면 돼요. 주의할 점은 구의 해석과 절의 해석은 비슷하기 때문에 영작을 할 때 좀 헷갈릴 수 있는데 주어의 유무를 통해서 구와 절을 구분 지을 수 있어요.

	자리 (품사의 관점)	역할(의미)	문법용어
that/wh- +주어+동사 "절"	명사어 자리	주어, 목적어, 보어	명사절, 의문사절
	형용사어 자리	명사수식	관계사절
	부사어 자리	그 외	부사절

원 하 나 이제 자리의 개념도 확실하게 알겠고 구를 통해 각 자리가 채워지는 것의 패턴을 아니까 절은 훨씬 이해하기 쉬운 것 같아요.

까꾸루쌤 그럼 간단하게 명사절, 형용사절, 부사절의 예문을 보면서 이번 수업을 마쳐보도록 할게요.

(1) We understood what you mean.
(2) You are the person that I can trust.
(3) When I was young, I did not like studying English.

까꾸루쌤 1번의 경우 주어+동사의 핵심 프레임이 2개 위치하는데 그 중 what you mean이 wh-+주어+동사의 형태이면서 목적어의 문장성분을 갖고 있기 때문에 명사절로 쓰이고 있는 것을 금방 아실 수 있을 거예요. '우리는 당신이 의미하는 것을 이해했었다' 라고 해석하시면 되겠네요.

원 하 나 아하! 2번은 제가 맞춰 볼게요. 형용사절 맞죠?

까꾸루쌤 맞아요. that I can trust가 명사 the person을 꾸며 주는 형용사어 자리에 위치하고 있기 때문에 형용사절인 것을 금방 알 수 있었어요. '당신은 사람이다 내가 믿을 수 있는' 이렇게 곧 바로 직역을 해도 의미를 파악하는 데는 문제가 없죠? 그래서 영어의 구조에 익숙해지기 위해서 이런 식으로 의미를 파악하고 넘어가는 것도 추천 드리고 싶습니다.

원 하 나 그렇군요. 그럼 마지막은 부사절이겠네요?

까꾸루쌤 그렇죠. 3번은 문장 전체를 꾸며주는 부사절입니다. 부사절은 문장 앞에 위치할 수도 있고 문장 뒤에도 위치할 수 있죠. 두 개의 주어+동사의 핵심 프레임을 갖추고 있지만 wh-가 붙어 있는 것이 '절'이라는 것은 쉽게 알 수 있죠. 부사절은 부사답게 문장을 꾸며 주는 해석을 하면 됩니다. '내가 어렸을 때, 나는 영어 공부하는 것을 좋아하지 않았다'라고 해석하면 되겠죠.

원 하 나 확실히 구로 자리를 채우는 연습을 먼저 하니까 절은 더 쉽게 이해가 되네요.

까꾸루쌤 다음 시간에 영작해 보면서 절을 통해서 자리를 채우는 연습도 확실하게 하겠습니다.

영작문,
겁먹을 이유가 없다

까꾸루쌤 오늘이 어머님과 함께하는 마지막 수업이네요.

원 하 나 처음에는 어떻게 한 달 동안 수업을 들을까 싶었는데 마지막이 되니 벌써 끝났나 싶어요.

까꾸루쌤 인생이 다 그렇더라고요. 뭔가 새로 시작할 때는 막막한데 다 끝날 때 즈음에는 시간이 너무 빨리 지난 것 같고.

원 하 나 아쉬워요. 까꾸루쌤과 더 공부를 했으면 좋겠어요.

까꾸루쌤 저는 또 부광이 어머님과 같은 분을 만나야죠. 그만 하산하세요.

원 하 나 네. 많이 아쉽지만 어쩔 수 없죠.

까꾸루쌤 오늘은 절을 활용한 문장을 영작해 볼게요. 자, 영작할 문장은 '우리가 서울에 있는 프랑스 레스토랑에서 저녁을 먹었다는 것은 단지 루머이다'입니다.

원하나 와, 만만한 문장은 아닌데 이제 할 수도 있을 것 같아요.

문장구조의 순서만 알아도 절반은 성공이다

까꾸루쌤 처음에 우선 어떤 것부터 해야 한다고 했죠?

원하나 일단 서술어부터 꼽아보라고 했어요. '먹었다'와 '루머이다'가 있네요.

까꾸루쌤 오케이. 그럼 문장의 서술어는 무엇인가요?

원하나 문장의 서술어는 '루머이다'예요. 왜냐하면 우리말은 맨 뒤에 위치한 것이 서술어라고 했어요.

까꾸루쌤 주어는 '우리가'와 '먹었다는 것은' 두 개가 있네요?

원하나 '우리가 루머이다'라는 것은 아닌 것 같고 '먹었다는 것은 루머이다'도 뭔가 애매해요.

까꾸루쌤 그래서 영작을 할 때는 자리에 단어를 쓸지 구를 쓸지 절을 쓸지 고민해 봐야 하는데요. 일단 '~했다는 것'이 동사가 있는 것을 알 수 있잖아요. 그러면 이 동사 앞에 주어가 있어서 온전한 문장의 형태인지 아닌지를 파악하면 구인지 절인지를 알 수 있겠죠. 이 문장은 '우리가 서울에 있는 프랑스 레스토랑에서 저녁을 먹었다' 자체가 주어+동사의 온전한 문장의 형태를 갖추고 있잖아요.

원하나 그러면 이 문장은 절을 활용하면 되겠네요?

까꾸루쌤 그렇죠. 절의 형태는 'that+주어+동사', 'wh-+주어+동사'라 생각하기로 했죠. 그럼 우선 한글로 문장 구성을 할게요.

원하나 음… 먼저 '단지 루머이다'가 맨 뒤에 위치하고 있으니 서술어라 했고, '우리가 서울에 있는 프랑스 레스토랑에서 저녁을 먹었다는 것'이 주어예요.

까꾸루쌤 맞아요. 우선 이 문장은 절 자체가 온전한 문장의 형태를 갖추고 있기 때문에 절 부분을 먼저 영어의 어순에 맞추어 배치해 보는 거예요.

원하나 주어는 '우리가', 동사는 '먹었다', 목적어는 '저녁을', 수식어가 '프랑스 레스토랑에서', '서울에 있는' 맞죠?

까꾸루쌤 네, 이 절에 '단지 루머이다'라는 서술어를 붙여 주면 온전한 문장이 되겠네요. (주어)우리가 (동사)먹었다 (목적어)저녁을 (수식어)프랑스 레스토랑에서 (수식어)서울에 있는 (동사)이다 (보어)단지 루머. 구 수업을 할 때 이렇게 영어의 문장구조 순서대로만 해도 영작의 반 이상을 했다고 했잖아요. 이걸 영어로 바꾸어 볼까요?

원하나 We have dinner at the French restaurant in Seoul is just a rumor.

까꾸루쌤 정말 맞나요? 다시 천천히 보시죠.

원하나 아, 아니요. 정동사가 2개 있네요.

까꾸루쌤 맞아요. 정동사가 2개 있는데 문장의 주요 동사는 is라는 것은 우리가 알고 있잖아요. 나머지 정동사에 주어 유무를 따지면 되는데 주어가 있으니 앞에 'that /wh-'를 붙여서 절로 만들어 주면 되는 거죠. 다시 해 볼까요?

원하나 That We have dinner at the French restaurant in Seoul is just a rumor.

까꾸루쌤 잘하셨어요. 여기까지만 해도 사실 영작이 끝났다고 봐도 무방한데 시제까지 좀 손을 봐줄게요. That We had dinner at the French restaurant in Seoul is just a rumor. 이 정도면 영작이 끝났다 보면 될 것 같습니다. 어머님, 이제 충분히 할 수 있으시겠죠?

원하나 네. 까꾸루쌤 덕분에 영작에 미리 겁먹지 않고 차근차근할 수 있을 것 같아요.

영어는 즐거운 소통의 수단일뿐

까꾸루쌤 저와 함께한 한 달간의 영어 기초 체력 키우기가 끝났습니다. 어머님, 너무 수고하셨어요. 소감이 어때요?

원 하 나 아, 영어 공부를 이렇게 할 수도 있구나 싶었어요. 암기가 아니라 자리라는 개념을 중심으로 이해하니까 영어 문장을 봐도 해석에 대한 어려움도 없을 것 같고요. 무엇보다 영작이나 회화도 해낼 수 있을 것 같은 자신감이 생겼어요.

까꾸루쌤 그런 자신감이 생긴 것만 해도 어머님은 이미 영어고수의 자리에 들어선 거예요.

원 하 나 에이, 고수라 하시니 쑥스럽네요. 하지만 쌤 말씀대로 고수가 되기 위해서 계속 꾸준하게 영어 공부를 하려고요.

까꾸루쌤 아니요. 영어 공부 하지 마세요.

원 하 나 네? 영어 공부를 하지 말라니요?

영어 공부의 최종 목적지는 소통

까꾸루쌤 한국 영어 교육의 본질적인 문제가 뭔지 아세요?

원 하 나 입시 위주의 공부나 시험 위주의 공부?

까꾸루쌤 네. 공부하는 게 문제예요. 영어는 공부가 목적이 아니에요. 영어의 목적이 무엇인가요?

원 하 나 회화요?

까꾸루쌤 맥락은 맞아요. 영어의 목적은 정확하게 말하면 영어 사용자 사이의 소통입니다. 영어는 소통의 수단이에요. 한국 영어 교육의 본질적인 문제는 수단이 목적 자체가 된 것이에요. 영어를 소통의 수단으로 가르치는 것이 아니라 영어를 시험 점수를 잘 받기 위한 목적으로 가르치기 때문이죠.

원 하 나 맞아요. 제가 그동안 그랬었죠.

까꾸루쌤 이제 어머님은 영어를 소통의 수단으로 즐기고, 연습하고, 노하우를 만든다는 개념으로 접근하셔야 합니다.

원 하 나 아, 쌤이 한 달 동안 영어의 노하우를 익힌다고 말씀하신 데는 이런 뜻이 있었군요.

까꾸루쌤 뭐, 영어뿐이겠습니까. 인생을 살면서 이런 오류는 잘 범하죠. 수단은 수단으로 활용을 해야 하는데 수단 자체를 목적으로 착각하는 경우가 있죠. 제가 까꾸루 영작문의 노하우를 알려 드린 이유도 영어를 좀 더 편하게 활용할 수 있도록 도와드리기 위해서예요. 영어 자체가 목적이 되면 일단 외우고 보자면서 빡세게 공부를 하는데 영어를 소통의 수단으로 인식하면 구조와 원리를 이해하면서 좀 더 가벼운 마음으로 접근할 수 있을 거예요.

원 하 나 와~ 까꾸루 영작문을 단순하게 영어를 잘하는 좋은 방법으로 생각했는데 소중한 교육 철학까지 담겨져 있었군요.

까꾸루쌤 과찬이세요. 하지만 영어를 통한 소통에 도움을 드리고 싶다는 것은 진심입니다.

유창하지 않아도 괜찮아

까꾸루쌤 어머님, 부광이가 대학에 가길 원하시죠?

원 하 나 물론이죠. 부광이 대학에 보내려고 친척 언니까지 찾아가서 이렇게 쌤을 만난 건데 어쩌다 보니 한 달 동안 공부까지 하게 되었네요.

까꾸루쌤 부광이 왜 대학에 보내시려고 하는 거예요?

원 하 나 그야 당연히 대학에 나와야 취업도 되고 그렇잖아요. 한국 사회에서는 아직까지도 대학이 중요하니까요. 우리 남편 같이 대학 하나 잘 나와서 평생 어깨에 힘들어간 사람들도 많고요.

까꾸루쌤 그럼 대학은 취업을 위한 곳인가요?

원 하 나 글쎄요… 대한민국에서는 그런 거 같아요.

까꾸루쌤 그럼 다른 질문. 대학의 존재 이유는 무엇일까요?

원 하 나 대학의 존재 이유요?

까꾸루쌤 대학의 존재 이유는 '학문'이에요. 대학은 학문을 하는 곳입니다.

원 하 나 흠, 그런데 우리나라 현실은 취업에 너무 목매고 있는 거 같네요. 대학이 학문의 전당이 아닌 취업학원으로 전락한 느낌이에요.

까꾸루쌤 어머님, 그럼 학문을 하는 것은 무엇일까요?

원 하 나 공부요? 그런 건 깊이 생각해 본 적이 없어요.

까꾸루쌤 이걸 자세하게 설명하려면 말이 길어지는데 요약을 하면 이래요. 학문이란 인간이 감각을 통해 경험한 세계를 언어로 자신의 새로운 세계를 만들어 내는 거예요. 결과적으로 자신의 언어로 새로운 것을 만들어 내거나 재해석하거나 가공하거나 결과물을 도출하는 과정이죠.

원 하 나 결국 한 마디로 자신의 언어로 새로운 표현을 해서 결과물을 만들어 내는 거네요?

까꾸루쌤 네. 뭐, 그런 맥락입니다. 그런데 우리가 아이들에게 영작문 연습을 시켜야 하는 궁극적인 이유가 이 학문을 제대로

하기 위해서죠.

원하나 무슨 의미인가요?

아이가 세계 무대에서 꿈을 이루길 바란다면

까꾸루쌤 이제 우리나라도 G7에 버금가는 선진국이잖아요. 언어로 새로운 결과물을 도출해 나가는 것을 국어뿐 아니라 국제 공용어인 영어로도 할 수 있어야 해요. 앞으로는 더욱 우리 아이들이 글로벌 인재로 성장해야 하는 것이죠. 이게 영작문 연습을 추천하는 궁극적인 이유입니다.

원하나 맞아요. 요즘 들어서 정말 우리나라의 국력이 성장한 것을 느끼고 있어요.

까꾸루쌤 그건 그렇고 어머님, 저와 계속 공부하고 싶으세요?

원하나 네. 너무 아쉬워요. 그리고 제가 공부하는 모습을 보여 주고 가르치는 실력이 늘어가는 걸 부광이도 느끼나 봐요. 그러면서 부광이도 이제 마음잡고 공부하는 습관을 들이기 시작하는 것 같아요.

까꾸루쌤 제가 어머님에게 아이를 가르쳐 보라는 이유가 바로 거기

있던 거예요. 어머님이 처음부터 완벽하게 가르치는 것이 아닌 생각을 뒤집는 것. 아이를 가르치면서 우선 즐기는 모습을 아이가 생생하게 느끼게 되고 자연스럽게 변화를 만들어 주는 거였어요.

원 하 나 맞아요, 제가 집에서 공부하는 모습을 보니까 잔소리 백 번 해도 안 듣던 아이가 스스로 숙제를 하더라고요. 이게 전부 쌤 덕분이에요. 까꾸루쌤은 앞으로 목표가 뭐예요?

까꾸루쌤 제가 까꾸루 영작문을 보급하면서 일조하고 싶은 목표는 '대한민국 영어 강국 만들기'입니다.

원 하 나 와~ 멋져요. 우리나라 사람들이 미국 사람이나 영국 사람 같이 영어를 잘하면 국가 경쟁력이 더 높아지겠네요.

까꾸루쌤 아니요. 전 미국 사람이나 영국 사람 같이 영어를 잘하는 것을 바라지 않아요. 애초에 불가능해요.

원 하 나 네? 영어 강국 만들기에 일조하고 싶으시다면서요?

까꾸루쌤 어머님, 2002년 한일 월드컵 기억하시죠?

원 하 나 그럼요. 그때를 경험한 사람이라면 절대 잊을 수 없죠.

까꾸루쌤 그럼 히딩크 감독이 영어로 인터뷰한 모습 본 적 있으세요?

원 하 나 그럼요. 그때 대한민국 최고의 영웅이었으니까 많이 봤죠.

까꾸루쌤 히딩크 감독 영어 실력이 어떻던가요?

원 하 나 글쎄요. 오래되었고 자세하게 생각해 본 적이 없네요.

까꾸루쌤 영상을 찾아보면 아시겠지만 히딩크는 발음을 많이 굴리는 것도 아니고 속도가 빠른 것도 아니고 쓰는 어휘가 그리 어렵지도 않아요. 우리나라 정규교육을 받은 웬만한 사람이면 다 알아들을 수 있는 친절한 영어를 하죠. 그런데 히딩크 이후에도 네덜란드 출신의 감독들이 3명 더 우리나라 국가대표팀을 이끌었는데, 이들의 영어 실력도 모두 히딩크와 비슷했어요.

완벽한 영어가 아닌 명확한 언어로

원 하 나 영어를 꼭 완벽하게 해야 소통을 잘하는 게 아니었군요.

까꾸루쌤 그렇죠. 물론 네덜란드 사람들이 비슷한 언어권에 있기 때문에 우리보다 영어를 배우는 것이 훨씬 수월하겠지만 그들도 영어가 모국어는 아니잖아요. 하지만 분명하게 영어로 의사표현을 하고 소통을 잘하죠.

원 하 나 저라면 영어로 인터뷰하려면 영어를 완벽하게 해야 한다고 떨었을 것 같아요..

까꾸루쌤 제가 생각하는 영어 강국은 우리나라 사람들이 발음이나 어려운 표현에 집착하지 않고 영어를 자신감 있게, 분명한 자기 말로 의사표현을 하고 소통을 잘하는 것이에요. 그래서 까꾸루 영작문은 영어 공부 자체를 목적으로 하지 않고 자기 말로 표현하고 소통을 편하게 할 수 있도록 쉬운 이해 중심의 수단을 고민하면서 만들어 낸 노하우예요.

원 하 나 와, 우리 부광이도 그렇게 영어에 당당한 아이가 되면 좋겠어요.

까꾸루쌤 어머님과 부광이, 이렇게 한 명, 한 명 늘어나가다 보면 한 걸음 가까워지겠죠. 저도 꾸준히 실력을 키워나가고 있어요. 어머님도 한 달 동안 기초 체력을 키우셨으니 이것을 바탕으로 계속 연습하시고 부광이도 옆에서 꾸준히 할 수 있도록 도와주세요.

원 하 나 네, 쌤 덕분에 한 달 전엔 상상도 못했던 자신감과 변화가 생겼어요. 그동안 정말 수고 많으셨습니다. 처음에는 부광이 영어 성적 때문에 시작했는데 진짜로 제 인생에도 새로운 변화가 생긴 것 같아요. 정말 감사합니다.

영어고수가 된 당신을 위한 celebration!

공부장 여보, 여기 정말 오랜만이다. 부광이는 처음 와 보네.

공부광 아빠. 대박! 여기 완전 좋은데?

원하나 무슨 일이래? 옛 추억이 생각나네.

공부광 아빠, 여기는 어떻게 알고 온 거야?

공부장 응. 예전에 엄마 아빠 연애할 때 자주 오던 식당이거든.

원하나 연애할 때 아빠가 이런 곳 데리고 오면서 제발 결혼해 달라고 울고불고 난리여서 마지못해 결혼한 거야.

공부장 엄마 꼬시려고 지출이 커서 그때 좀 힘들었다.

공부광 자기들끼리만 이런 비싼 식당 다녔다는 거지. 나 삐졌어.

공부장 그래서 오늘 이렇게 왔잖아. 앞으로는 종종 오자.

원하나 여기 밥값 장난 아닌데 무슨 종종이야. 그런데 오늘 진짜 무슨 일이야?

공부장 우리 여보하고 아들 한 달 동안 영어 수업 축하해 주려고.

원하나 뭐야~ 당신이 어떻게 그런 생각을 했어?

공부장 사실 나도 생각을 못했는데 까꾸루쌤이 나한테 연락을 주셨더라고.

원하나 무슨 연락?

공부장 학습 사이클의 마지막은 '축하(celebration)'래.

공부광 축하? 생일도 아닌데 공부할 때도 축하하는 거야?

공부장 보통 공부할 때 계획(plan)세우고, 실행(do)하고, 평가(feedback)하는 순서로 진행 돼. 나는 학교 다닐 때 이렇게 했었지. 앞에 계신 두 분은 그런 경험 별로 없으셨겠지만….

원하나 우~ 잘났어, 정말!

계획과 실행보다 중요한 마무리

공부장 까꾸루쌤이 그러시더라고. 우리나라에서는 계획과 실행은 잘하는데 가장 중요한 마무리를 안 한다고.

공 부 광 마무리가 뭔데?

공 부 장 마무리가 바로 축하라는 거야. 그래서 완전한 학습 사이클은 계획-실행-평가-축하가 모두 진행되어야 하는 거지.

원 하 나 계획에서 평가까지는 이해가 되는데 축하를 굳이 해야 할까? 그 시간에 책 한 페이지라도 보겠다.

공 부 장 나도 그렇게 생각해서 물어봤거든. 그런데 까꾸루쌤 말 들어 보니 축하가 중요하더라고.

원 하 나 그래?

공 부 장 축하의 과정이 있어야 다음에 진행할 수 있는 에너지를 충분하게 충전할 수 있대. 그리고 스스로에 대한 자신감과 자존감도 올라가게 되고.

원 하 나 맞다. 말을 듣고 보니 일리가 있네.

공 부 광 아빠, 그런데 점수가 나쁘게 나오면 어떻게 축하를 해?

공 부 장 계획부터 피드백까지의 과정에서 열심히 하지 않아서 점수가 나쁘게 나왔다면 반성을 해야겠지만, 최선을 다했는데 점수가 기대만큼 나오지 않았더라도 열심히 노력을 한 자신에게 축하를 해야겠지.

원 하 나 그래. 결과도 중요하지만 더 중요한 것은 과정이니까.

공 부 장 맞아. 아들아, 인생을 살다 보면 항상 결과가 좋거나 기대한

만큼 나오는 것은 아니야. 하지만 열심히 한 과정들은 남들이 알아 주지 않더라도 차곡차곡 쌓여서 그게 진짜 실력이 되는 거야. 내공이 쌓이는 거지.

공부광 그럼 앞으로 열심히 하면 점수가 좀 나빠도 이렇게 좋은 식당에서 축하하는 거야?

공부장 그럼 물론이지. 까꾸루쌤이 엄마도 그렇고 부광이도 그렇고 이번 한 달 열심히 했다고 하더라고. 부광이하고 여보는 이번 달 영어 공부하면서 어땠어?

공부광 솔직히 난 아직 잘하는 건지 모르겠는데, 예전 학원이나 학교에서는 내가 못 알아들어도 그냥 다음 진도로 넘어가서 답답했거든. 그런데 엄마가 차근차근 하나하나씩 잘 알려 줘서 좋았어.

원하나 정말? 그리고 처음보다는 엄마도 가르치는 실력이 괜찮아진 것 같지 않아?

공부광 맞아. 그래도 아직은 공부보다 게임하고 노는 게 훨씬 좋기는 한데 이제 공부도 좀 해볼 만한 거 같다는 생각이 들어. 조금씩 꾸준히 해야겠다는 마음도 처음 들기 시작했어.

이런 대화는 해 본 일이 없었는데, 아들이 나의 마음과 노력을 알

아주는 것 같아 마음이 울컥했습니다. 눈물이 나오려 했지만 무슨 청승인가 싶어서 꾹 참았습니다. 그리고 처음으로 아들 스스로 공부해야겠다는 생각이 들기 시작했다는 말에 뭔가 든든한 마음도 생겼습니다.

영어고수가 된 엄마, 새로운 꿈을 꾸다

원하나 그동안 결혼하고 당신하고 부광이만 바라보면서 나 자신을 위한 시간은 없었던 거 같은데 스스로를 발전시키는 노력이 가족 모두에게 좋은 기운을 준다는 느낌을 받았어. 나 스스로에게 뿌듯하고 축하해! 그리고 계속 영어 공부를 하려고. 부광이도 직접 코치해 주고. 실력이 늘면 혹시 알아? 나중에 나도 정식 영어강사가 될지.

공부장 사실 나도 당신이 갑자기 무슨 공부냐 싶기도 하고 하면 얼마나 하겠냐는 생각을 했거든. 그런데 당신이 노력하는 모습이나 에너지가 좋아지는 모습이 보이니까 그런 당신의 모습을 리스펙(respect)하는 마음이 들게 되었어. 이게 나에게는 가장 큰 변화가 아닐까 싶어.

공부광 오~ 리스펙!

공부장 그럼 한 달 동안 발전한 우리 모두를 위해 다 함께 치얼스(Cheers)할까?

함께 Cheers~

공부장 나도 내일부터 퇴직 후를 위해 새로운 공부를 시작할게. 일이 바쁘지만 조금씩이라도 꾸준하게 하면 실력이 늘겠지. 당신은 계속 영어 공부해서 발전하면 분명 뭔가 큰 변화가 있을 거야.

원하나 고마워, 여보.

공부장 부광이는 당장 열심히 공부하라고 강요하지는 않을게. 대신 조금씩 공부하는 시간을 늘려가는 거야. 꾸준하게 열심히 노력하면 같이 해외여행 가서 원어민들과 이야기도 나누고, 친구도 사귀는 거야.

원하나 너무 좋다. 이제 우리 가족은 스터디모임을 만드는 거야. 각자가 할 공부를 스스로 계획하고 실행하고 한 달에 한 번씩 피드백하고 축하하면 좋을 것 같지 않아?

공부광 난 찬성. 대신 오늘같이 좋은 식당에 와서 하는 거야! 그리고 여행도 꼭 가고 싶어.

원하나 우리 모두 열심히 공부하면 매달 비싼 외식 하는 거네.

공 부 장 외식비에 여행비면 더 열심히 일하고 공부해야겠는데. 그런 의미에서 우리 모두 파이팅 해 볼까? 내가 하나 둘 셋 하면 파이팅 하는 거야, 하나, 둘, 셋!

함 께 파이팅!

Are you guys traveling?
Where are you from?
Yes, we are from Korea and
we are having so much fun.
Korea!
Korea!

까꾸루쌤의 특급 비밀

거꾸로, 자신감 있게

원! 영작이 어려울 땐 주어+동사의 핵심 프레임에서 정동사부터 찾는다. 한국어에서 정동사는 맨 뒤에 위치한다. 바로 영작하는 대신 우선 영어의 어순으로 맞추어 보면 절반은 성공이다.

· 새로운 친구들을 만드는 것이 반드시 오래된 친구들을 잃는다는 것을 의미하지 않는다.

a) 반드시 의미하지 않는다 → 동사

b) 주어 → 새로운 친구들을 만드는 것

c) 목적어 → 오래된 친구들을 잃는다는 것

투! Be동사는 주체의 동작, 상태, 성질, 유개념(존재)을 포함한다. 'Be동사+형용사'가 하나의 의미 단위로 서술어가 된다.

쓰리! 인칭, 수, 성, 격 등의 일치 여부와 같은 문법적인 부분, 어떤 (준)동사구가 관용적으로 사용되는지 등을 확인하라!

포! '절'의 형태는 1. that+주어+동사이고 2. wh-+주어+동사다. '구'의 해석과 절'의 해석은 비슷하기 때문에 영작을 할 때 헷갈릴 수 있는데, 주어의 유무를 통해서 구와 절을 구분 지을 수 있다.

· We have dinner at the French restaurant in Seoul / is just a rumor. (X)

· That We had dinner at the French restaurant in Seoul / is just a rumor. (O)

파이브! 영어는 소통의 수단일 뿐! 영어는 자신감 있게 분명한 자기 말로 의사표현을 하고 소통을 잘하는 게 목적임을 잊지 말자.

저자의 말 2

전국민 영어 두려움 떨치기 프로젝트

초·중등 시절, 특별히 좋다고 할 수 없지만 나쁘지는 않은 머리 덕분에 학교에서 성적이 꽤나 좋은 편이었습니다. 그런데 노력이 부족했던 고등학교 때는 성적이 많이 떨어졌습니다. 특히 수학에 어려움을 겪어서 일명 '수포자' 전 단계까지 가게 되었습니다.

그럼에도 어찌저찌하여 대학교 경영학부에 입학하게 되었습니다. 경영학을 전공하면 1학년 때 '상경수학'이라는 과목을 수강하게 됩니다. 수포자행 열차 티켓까지 끊을 뻔 했는데 문과 계열 전공에서 수학을 공부해야 하나 싶어 절망적인 기분이었지요.

그런데 극적인 반전이 일어납니다. 150여 명의 상경수학 수강생 중에 1등을 했던 거죠. 물론 학습 성취도가 더 높은 대학교에 재학

했더라면 결과는 달랐을 수도 있습니다. 그러나 분명한 것은 제 인생에 수학이라는 과목이 '수포자'라는 부정적인 단어가 아닌 '과 톱'이라는 자부심의 단어로 남았다는 것입니다.

제가 수강한 상경수학은 주로 경영학을 수학하는 데 필요한 행렬과 미분, 적분을 공부했습니다. 분명 고등학교에서 다룬 수학보다 더 깊게 다루었지요. 그런데 고등학교 수학보다 더 쉽다는 느낌을 받고 재미있게 공부했습니다.

그 이유는 고등학교에서는 자세하게 설명을 듣지 못한 채 무작정 암기하고 넘어갔던 각 개념에 대한 구조와 원리를 자세하게 알게 되었기 때문입니다.

본질적인 이해가 되었을 때 같은 과목에 대한 재미와 성취도가 어떻게 극적으로 달라지는지, 그 생생한 체험은 저에게 교육에 대한 새로운 관점을 체득할 수 있는 소중한 기회가 되었습니다.

교육 환경에서 물리적 제약이 사라지다

2020년부터 전 세계에 퍼지기 시작한 코로나19는 우리들 삶의 양식을 많이 바꾸었습니다. 그 중 하나가 온라인 수업의 시장이 커졌다는 것입니다. 과거에는 서울에서만 직접 배울 수 있었던 양질의 교육들을 모두 온라인으로 수강할 수 있게 된 것입니다. 거리에 대한 물리적 제한은 상당히 줄어들었고 저는 광주에 있으면서도 운이 좋게 양질의 강의들을 제 방에서 들을 수 있게 되었습니다.

그러던 중 우연히 학비공의 대표이자 이 책의 공동 저자인 신동규 원장님의 '까꾸루 영작문'을 알게 되었습니다. 까꾸루 영작문은 영어에 대한 새로운 노하우를 제시하는 수업이었습니다. 이때 한 가지 큰 깨달음을 얻었습니다.

"아, 나는 지금까지 영어 공부를 군맹무상(群盲撫象)으로 해서 안 그래도 어려운 영어의 늪에서 헤맸구나."

학습코치로 일하며 만난 학생들에게도 영어를 쉽고 재미있게 배울 수 있는 기회를 알리고 싶다는 갈망이 있었습니다. 그리고 까꾸루 영작문이 그 대안이 될 수 있다는 확신이 들었습니다. 학생뿐 아니라 저와 같은 성인과 학부모님들에게도 영어에 새로운 눈을 뜨게 해 주는 획기적인 강의였기 때문입니다. 이를 계기로 많은 이들이 영어에 대한 두려움을 떨쳐내기를 바라며 이 책을 집필했습니다.

이 책이 출간되기까지 감사의 인사를 전하고 싶은 분들이 무척이나 많습니다.

저의 집필 취지를 공감해 주시고 영작문 노하우를 책에 녹여낼 수 있도록 허락해 주신 신동규 원장님께 감사드립니다. 그리고 곁에서 책 쓰기에 대한 조언 및 코칭을 해 주신 비상식적 영어학원의 김영익 원장님께 많은 도움을 얻었습니다.

또한 많은 격려의 말씀을 주신 투엠수학 학습코칭센터 정성희 원장님, 같은 공간에서 함께 작업하면서 서로 응원의 마음을 나눈 김경우 코치님 감사합니다. 그리고 책을 집필하면서 15여 년 전쯤 글쓰기에 대한 저의 소소한 잠재력을 처음 인정해 주신 코칭경영원의 고현숙 대표코치님이 떠올랐습니다.

마지막으로 초보 작가에게 좋은 여건으로 출판의 기회를 주신 유노라이프에 진심으로 감사를 드립니다.

공동 저자

김어진

한 달 만에 누구나 영어가 쉬워지는 거꾸로 공부법

영알못 엄마는 어떻게 영어고수가 되었을까

인쇄일 2022년 5월 13일
발행일 2022년 5월 23일

지은이 신동규 김어진
펴낸이 유경민 노종한
기획마케팅 1팀 우현권 **2팀** 정세림 유현재
기획편집 1팀 이현정 임지연 류다경 **라이프팀** 박지혜 장보연
책임편집 장보연
디자인 남다희 홍진기
기획관리 차은영
펴낸곳 유노콘텐츠그룹 주식회사
법인등록번호 110111-8138128
주소 서울시 마포구 월드컵로20길 5, 4층
전화 02-323-7763 **팩스** 02-323-7764 **이메일** info@uknowbooks.com

ISBN 979-11-91104-38-7(13590)

- — 책값은 책 뒤표지에 있습니다.
- — 잘못된 책은 구입한 곳에서 환불 또는 교환하실 수 있습니다.
- — 유노라이프는 유노콘텐츠그룹 주식회사의 자녀교육, 실용 도서를 출판하는 브랜드입니다.